戦闘機の航空管制

航空戦術の一環として
兵力の残存と再戦力化に貢献する

園山耕司

SB Creative

著者プロフィール

園山耕司（そのやまこうじ）

1935年生まれ。元航空管制官。航空支援アナリスト。防衛大学校（5期）応用物理科卒。米空軍で航空管制を学んだのち、航空自衛隊で実務と航空行政の双方に携わる。1971年、日本の航空史上最大級の事故であった雫石上空での空中衝突事故の対策立案のため、2年間にわたって欧米5カ国の実情調査に参加。航空自衛隊保安管制気象団防衛部長などを経て1990年退官。2006年、瑞宝小綬章受章。主な著書は『新しい航空管制の科学』『航空管制の科学』（講談社ブルーバックス）、『座標科学でわかる航空管制』『くらべてわかる航空管制』『よくわかる航空管制』（秀和システム）、『未来の航空』『航空管制官はこんな仕事をしている』（交通新聞社）など。

本文デザイン・アートディレクション：クニメディア株式会社
校正：曽根信寿

はじめに

20世紀末から21世紀にかけて人類は、生物・化学、宇宙・航空、インターネットなどの分野において際立った進歩を遂げ、生活を変革しつつあるといわれています。

望まれることではありませんが、軍事技術が世界の技術の最先端を歩んでいるという歴史的事実は、今日もなお、否定することはできません。

日本に米国の最新戦闘機が飛来するたびに、愛好家の注目を集めているのは、その機体の容姿とスピード感などに関心が集まっているからだけでなく、戦闘機には最新技術の開発成果がいっぱい詰まっているという想像をかきたてるからです。

また、戦闘機の華々しい活躍の後方には、多くの裏方がいます。この裏方の一つが**航空管制**です。

戦闘機は「航空技術の集約体」といわれ、「進歩の固まり」ですが、この飛行の一部を支える航空管制にも技術の先端が垣間見えます。

第5世代戦闘機といわれる米国のF-35ライトニングⅡ、ロシアのSu-35やヨーロッパのユーロファイターなどに注目してみると、航空管制の要求に応えられるように、機

体の改良に加えて、離着陸性能や航法技術の向上のための工夫が施されていることがわかります。

　本書は、**公表されている性能を参考にしながら、航空管制に焦点を当てて、秘密の多い戦闘機を公平に評価し、できるだけ最先端の技術を紹介できれば**と考えて著したものです。

　戦闘機の離着陸は、旅客機に比べて特別な技術が必要です。ランディングする戦闘機の紹介も、機動性・高速性・秘匿性や、さらに離着陸にかかわる低高度での性能に注目してみると、興味が広がります。

　航空自衛隊によるF-35の導入が本格化し、戦闘機の日英共同開発が話題になる中、戦闘機は再び航空界をリードする技術や、生活文化を向上させる技術を生み出すかもしれません。

　しかし一方で、自然に抗して戦闘機という技術の集約体を運用するには、さまざまな危険を克服しなければならないことも事実です。

　本書を通して、これら先端技術の醍醐味と克服すべき課題を、多少でも理解してもらえれば筆者にとって望外の喜びです。

　なお、航空管制は欧米で生まれ、また兵器の大部分も欧米で開発されているので、英文の略語が多く使われています。本書に出てくる英文略語の意味を巻末にまとめて掲載したのでご利用ください。

2018年7月　園山耕司

戦闘機の航空管制

航空戦術の一環として兵力の残存と再戦力化に貢献する

CONTENTS

はじめに …………………………………………………… 3

第1章 戦闘機と航空管制の関係 …… 7
- **1-1** 航空管制は戦闘機の発進・帰投を支援する ………… 8
- **1-2** 戦闘機の性能・装備によって航空管制も変化する ……………………………………………… 10
- **1-3** 戦闘機の性能増大によるパイロットへの影響に配慮 ………………………………………… 12
- **こぼれ話 1** 防衛大学校に、ただただ感謝 ………………… 14

第2章 戦闘機の飛行空域と飛行場 …… 15
- **2-1** 戦闘機の飛行のための空域 ……………………… 16
- **2-2** 飛行場に必要な施設 ……………………………… 22
- **2-3** 掩体壕の構築 ……………………………………… 26
- **2-4** 滑走路・飛行場の残存性の確保 ………………… 28
- **2-5** 民間機防衛の対策 ………………………………… 32
- **こぼれ話 2** 建学の精神は「均衡のとれた、民主主義を理解する人」… 36

第3章 戦闘機の航法・通信システム …… 37
- **3-1** 衛星を利用して自分の位置を知る ……………… 38
- **3-2** 衛星を利用して進みたい位置に移動する ……… 40
- **3-3** GPSの測位精度を上げる ………………………… 42
- **3-4** 戦闘機の通信手段 ………………………………… 46
- **3-5** 飛行場防空に欠かせない「戦術データリンク通信」…………………………… 48
- **3-6** その他の手段で自分の位置を知る ……………… 50
- **3-7** 戦闘機の最新着陸誘導方式、水平・垂直方向精密進入（LPV）……………………………………… 57
- **こぼれ話 3** 部隊勤務に役立った中国山地の横断 ……… 60

第4章 戦闘機の飛行支援 …… 61
- **4-1** 多数機同時発進と多数機同時帰投 ……………… 62
- **4-2** 彼我不明機に対する緊急発進 …………………… 63
- **4-3** 平時における戦闘機の「有視界飛行」訓練支援 … 66
- **4-4** 予備の航空管制部隊をパッケージで準備する … 78
- **こぼれ話 4** 英語力がなくて犯した大失敗 ……………… 80

SB Creative

CONTENTS

第5章 IFR（計器飛行方式）による進入と着陸の訓練 …… 81
- **5-1** IFRの戦闘機に対するターミナルレーダー管制所の管制 …… 82
- **5-2** RNAV（GNSS）方式による管制 …… 84
- **5-3** 「PAR誘導」に代わる「LPV進入」 …… 88
- **5-4** 気象急変に欠かせない「スペシャルVFR」 …… 92
- **5-5** 着陸不能時におけるダイバート飛行 …… 94
- **5-6** 命を救うダイバースアプローチ …… 96
- **こぼれ話 5** 気象急変で「航空管制の修羅場」をくぐる …… 100

第6章 航空母艦の航空管制 …… 101
- **6-1** 「動く滑走路」への着艦 …… 102
- **6-2** 全天候における航空管制による支援 …… 106
- **6-3** 衛星を使った精密進入システム「GBAS」 …… 116
- **こぼれ話 6** 多くの犠牲の上に築かれている今日の空の安全 …… 118

第7章 緊急機の管制 …… 119
- **7-1** 戦闘機は常に危険と隣りあわせ …… 120
- **7-2** 緊急事態発生時の管制の役割 …… 122
- **7-3** 緊急事態発生と対処 …… 124
- **7-4** とくに危険な緊急事態 …… 126
- **こぼれ話 7** 日本に似ているドイツ、フランスの航空管制 …… 136

第8章 各国の戦闘機の運用 …… 137
- **8-1** 戦闘機の仕様は「軍事戦略」が決める …… 138
- **8-2** 戦闘機の目的別種類 …… 140
- **8-3** 戦闘機の性能を左右する「推力重量比」 …… 142
- **こぼれ話 8** 逆境の中で使命を果たす …… 144

第9章 最新の戦闘機 …… 145
- **9-1** 第5世代の戦闘機 …… 146
- **9-2** 第4世代機のグレードアップ戦闘機（第4.5世代） …… 158
- **9-3** 第1～第5世代戦闘機の概観 …… 165
- **9-4** 戦闘機の兵装 …… 172

おわりに …… 187
英文略語の意味 …… 189
索引 …… 191

第1章
戦闘機と航空管制の関係

　現代の戦闘機は、戦闘機を支援する航空管制にも進歩を「催促」しています。本書は、最新の戦闘機を想定して、**戦闘機を支援する航空管制のあるべき姿**を説明したものです。

　航空管制は、戦闘機の発進・帰投を支援しますが、戦闘機の性能や装備によってその内容は変化します。

　また、戦闘機の性能が向上すると、パイロットには大きな負担がかかります。疲労したパイロットが操縦する戦闘機の再発進・帰投を支援する航空管制は、パイロットにできるだけ負担のかからない発進・帰投管制方式を準備しておかなければなりません。

　第1章では、このような**戦闘機と航空管制の関係**を明らかにしていきます。

1-1 航空管制は戦闘機の発進・帰投を支援する

航空管制は、第一次世界大戦において**飛行部隊の安全な帰還を図る**ために、自然発生的に生まれたといわれています。

離着陸方向を示す**吹き流し**のほかに、**手旗信号**によって離陸や着陸の許可を与えていたものが、大戦末期には簡易式管制塔に通信員が配置されて、飛行場の状況に応じた許可や不許可をモールス信号で発したといわれています。

やがて、無線通信機や方向探知機が開発されると、軍民がそれを利用して空の交通整理を行うようになりました。

今日では、戦闘機の離着離と、それに続く上昇・降下時の飛行方式・経路、飛行順位、安全間隔の設定を行う航空管制の役割なしでは、戦闘機の安全・迅速な飛行はできません。

いいかえれば、航空管制は戦闘機の発進・帰投になくてはならないものです。

飛行場にある吹き流し。筒型の布製で、風に従って向きを変えるので、風の方向がわかります

第1章　戦闘機と航空管制の関係

図1-1　手旗信号

「Everything OK
（すべてOK）」

「Too slow-speed up
（遅すぎる-速度上げ）」

「Too fast-slow down
（速すぎる-速度下げ）」

「Wave-Off
（着陸復航せよ）」

「Too Low-climb a little
（低すぎる-少し上昇せよ）」

「Cut engine
and land
（エンジン停止）」

「Tail hook not down
（尾部フックが
下がっていない）」

「Come right
（右へ変針）」

1920年代、米国の航空管制は手旗信号で行われていました

F-16ファイティング・ファルコン戦闘機と管制塔。戦闘機といえども、航空管制なしに安全・正確な飛行はできません

写真：米空軍

1-2 戦闘機の性能・装備によって航空管制も変化する

　航空管制は、戦闘機の離発着と、それに続く上昇と降下の安全かつ迅速な飛行経路や飛行方法を保障しなければなりません。そのために航空管制は、戦闘機がもっている装備を目一杯に活用して、迅速性と安全性を確保しなければなりません。

● **航空管制の安全性と迅速性を向上させる低速性能の向上**

　第4世代以降の戦闘機は、高速性能だけでなく、低高度を飛行する際の低速性能も向上しています。

　滑走路に着陸するために進入する速度（アプローチ・スピード）

第4世代以降の戦闘機は、低速性能も向上しています。写真はエア・ブレーキを開いて着陸する米空軍のF-15Eストライク・イーグル
写真：米空軍

も250ノットから300ノットの間を自由に設定できることから、進入経路上で間隔を設定する航空管制も、経路の延伸や速度規制が容易になり、工夫すれば一度に多数の戦闘機を誘導できるようになりました。

また、滑走路接地前の最終着陸経路の精密誘導においても修正が容易になり、管制官の技量向上によって安全性が増しました。

●発進・帰投航法の選択肢が広がる最新航法システム

第4.5世代以降の戦闘機は、全地球測位システム（GPS：Global Positioning System）を利用した衛星航法システムを装備し、地図表示装置とあわせて、正確な飛行位置を確認しながら飛行できます。

また、方位をレーザー光利用の機体固定型レーザージャイロで、距離を慣性航法装置で正確に確定できるので、**高い精度で移動位置を確定**できます。

航空管制はこれを利用して、帰投する戦闘機にGPSと地図表示を利用した**精密着陸方式を提供**しなければなりません。

フルフラップで減速するB-1Bランサー爆撃機　　写真：米空軍

1-3 戦闘機の性能増大による パイロットへの影響に配慮

　戦闘機の性能増大により、パイロットへの支援方法には柔軟性が求められています。

●高速旋回はパイロットを疲労させる

　第4.5世代と第5世代の戦闘機は、機体材料と成型技術の向上によって、**ミリタリー推力**（戦闘時推力）で高速旋回ができる機体構造になっています。ミリタリー推力とは、アフターバーナー（推力増強装置）を使用しない場合の最大推力です。

　高速旋回を格闘戦などの戦術戦闘時に行うパイロットには、8〜9Gの重力がかかり、その負荷は人間の身体的負担の限界とされています。

　疲れ果てたパイロットが操縦する戦闘機の再発進・帰投を支援する航空管制は、パイロットにできるだけ負担のかからない発進・帰投管制方式を準備しておかなければなりません。

●向上したベイルアウト（射出）の安全性

　ベイルアウト（Bailout）とは、エンジントラブルなどで飛行不能に陥った戦闘機から脱出することです。過去には、戦闘機を着陸まで誘導してパイロットを生還させることが至上命題とされましたが、第4.5世代以降の戦闘機は、自動脱出装置の安全性が向上し、必ずしも着陸まで誘導することが必然ではなくなりました。

　むしろ、航空管制が地上に被害を及ぼさないように、脱出時の適切な場所、残存機体の方向などを助言することが重要となってきています。

最新の自動脱出装置は、パイロットに傷害を与えないように進化していて、高度ゼロ、速度ゼロからでもベイルアウト(射出)可能です

写真：米空軍

こぼれ話 1

防衛大学校に、ただただ感謝

　1945（昭和20）年3月10日の東京大空襲で、日本橋の会社が全焼したため、私の両親は父の実家がある島根県出雲今市市近郊の乙立村に、家族全員（7人）で疎開することを余儀なくされました。未曽有の就職難の時代に、父はやっと見つけた出雲今市市の中小企業の土建会社に社員として勤め、家族を養いました。さらに両親は、軽便鉄道※の高い定期代を工面して、私を県立出雲産業高等学校建築科に進学させてくれ、卒業させてくれました。

　学業の途中で、ラーメン構造の設計に必要な構造計算は、高校の学力では解けないことを知り、大学進学の意欲をかきたてられました。大望を抱いて上京して、北千住のそば屋に就職し、夜間は水道橋にある予備校の「研数学館」に通いました。ところが、そば屋が経営難に陥り、約束どおりの夜学に行けなくなりました。やむなく、自衛隊員の夜間通学生のポスターを見て、そば屋の主人に罵倒されながらも何とか汽車賃だけをもらい、新隊員として陸上自衛隊（松本駐屯地）に入隊、その後、練馬駐屯地に転勤になりました。練馬駐屯地では、昼間、銃や火砲の修理をしながら、受験科目の化学を習いたくて、北野高等学校定時制（夜間）2年生の課程に通学し、その年の秋に防衛大学校を受験。翌年2月に合格発表があり、1956（昭和31）年4月、横須賀市小原台の桜並木のつづら折りの坂道を登って校門をくぐりました。

　防衛大学校に建築科はありませんでしたが、好きな応用物理科に進むことができて、勉強部屋と勉強机、寝室と個人ロッカー、夏・冬の制服と作業服、靴などが貸与され、食事は栄養満点で、それまでに比べたらまさに夢のような生活でした。おまけに学生手当までもらって高等教育を受け、当時はただただ感謝して学生生活を送る毎日でした。

　今日では、日本も豊かになり、防衛大学校の待遇も当たり前のようですが、今でもこの私の感謝の気持ちは、学生のモチベーションの原動力として、防衛大学校発足時から**脈々と受け継がれている**ように思えます。

※一般の鉄道より簡便な規格で建設された鉄道

第2章
戦闘機の飛行空域と飛行場

　戦闘機がもてる力を発揮できるかどうかは、「作戦上の要時要点に、必要な数だけの戦闘機を余裕をもって到達させられるか」にかかっています。そのためには、戦闘機の空中飛行の基本となる**飛行場**を円滑に運用し、発進または再発進を短時間でできることが大切です。そのためには、発進・帰投に必要な空域をもつ飛行場が、作戦に適した位置に設置されなければなりません。

　また、飛行場は担当する方面に必要な数だけの戦闘機が常駐していて、再発進のための**ターン・アラウンドタイム（発進準備時間）が最小**となるような機能を備えていなければなりません。

　戦闘機が駐機し、発進・着陸するための飛行場は、有事対処能力のほかに、日ごろの訓練にも有効な飛行場でなければなりません。一方で、侵攻する側にとっては、飛行場は相手方の戦力源であり、重要度の高い攻撃目標です。

　ここでは、この視点から**飛行場がもつべき必要な条件**を、要点のみに限定して考えてみたいと思います。

2-1 戦闘機の飛行のための空域

　戦闘機の飛行に必要なのは、**平時は訓練のために安全と効率を保障する空域**であり、**有事は戦闘機が飛行場から離発着する空域が味方の制空権下にあること**です。

　戦闘機の訓練には、訓練空域と、飛行場を離陸してそこに至るまでに、民間機などほかの航空交通と異常接近したりしない経路が必要です。訓練を終えて飛行場に帰るときも同じです。この経路を保障するのが、飛行場を取り囲んだ半径9km（高度6,000フィート）の空域（**管制圏**と呼んでいます）を管制する**管制塔（飛行場管制所）**であり、さらに、管制圏を包むように半径110km（高度20,000フィート）の空域をもつ**ターミナルレーダー管制所**です。飛行場と訓練空域を往復する戦闘機は、この2つの管制機関のほかに**航空路管制所**によって、航空路を横断するときの監視を受けます。

　さて、訓練空域に達した戦闘機には、どのような空域を与えて軍事戦略にもとづく訓練を行うかが重要になります。国の防衛に専念する自衛隊の戦闘機の訓練には、以下のような空域が必要です。

- 制空戦闘機が対戦闘機戦闘訓練を行う空域
- 爆撃機を戦闘機が護衛する訓練を行う空域
- 戦闘機が地上の誘導によって相手戦闘機を特定して要撃する訓練を行う空域
- 空対空射撃や空対地射撃を訓練する空域と射場
- 戦闘爆撃機による空対艦の訓練をするための海域や空域と射場

・島嶼奪還のための地上攻撃訓練に必要な空域や射場

　これらには、それぞれの目的に応じた広さ（面積と高度）が必要です。なかでも、地上の誘導で要撃する要撃戦闘訓練や、高速の空対空射撃の訓練などは、最も広い空域を必要とします。これらの訓練空域は、米国やロシアなどの大陸国では、訓練空域の下に戦闘機基地を置いて、訓練空域と飛行場を一体とした訓練ができます。

　しかし、陸地で国境を接するヨーロッパの国々では、民間の航空路と軍の訓練空域の競合が避けられず、大変苦労しています。欧州連合（EU：European Union）のもとにある共同航空管制機関「ユーロコントロール」に加盟している国々では、各国を結ぶ主要航空路の一部と重複した20数ヵ所の場所に、やむを得ず訓練空域を設定して、民間機の運行と戦闘機の訓練を時間分離によって運用しています（図2-1-1）。海に囲まれた日本は、国土周辺の海域上空に訓練空域を設定し、訓練空域との往復のために**航空路を横切る際の回廊**を設けて安全を図っています。

● 日本における民間機と軍用機の競合対策

　国土交通省は2014（平成26）年2月に「航空機の安全かつ効率的な運行について」と題して、自衛隊訓練空域の活用方針を示しています。

　現在、航空局はG、P（図2-1-2参照）などの一部の訓練空域に、ユーロコントロールの時間分離方式より進んだ、訓練機の一時退避方式（民間機が訓練空域内の経路を飛行するとき、訓練機が一時退避する）を適用して、訓練空域内に民間機を一時運行させています。

新活用方針は、未使用時に民間機が飛行できる**調整経路**（訓練空域内に設定される経路。訓練空域の使用予定がないときに、時間帯や高度帯をノータム※で公示して使用する空域）を設定して、さらに民間機の効率的な運用を図ろうというものです。

　航空局は自衛隊にも理解を示していて、方針には従来の訓練空域に加えて臨時訓練空域の柔軟な設定や、空中給油機のための民間空域の提供を行っています。

　この活用方針は横田空域にも敷延され、国土交通省と米軍とで協議のうえ、空域の性格は「民間航空機の飛行禁止空域ではな

※航空情報の一種。「Notice To Airmen」の略

図2-1-1　ユーロコントロール加盟国の運用空域

図2-1-1は39カ国が加盟しているユーロコントロール（欧州航空航法安全機構）が、軍の主な訓練空域を示したものです。この中で□で囲んだ空域は、航空路と訓練空域が重複した個所で、時間分離によって両者を運用しています。ドイツなどの航空路管制所（AOC：Area Control Center）と軍の使用部隊が前日に使用時間を予告することを前提に、連絡方法を取り決めています

民間機の需要
多い
少ない

ベルギー、フランス、ドイツ、イタリア、オランダ、スイス、英国の軍用空域

く、飛行経路の設定等が行われる空域」として定義されました。

　このように近年、LCC（格安航空便）の増加などによる航空交通量の拡大に対応するための施策の一環として、競合空域の活用が打ち出されています（図2-1-2）。

図2-1-2　自衛隊訓練空域内に設定された調整経路

図2-1-2は日本周辺に設定された自衛隊の訓練空域を示したものです。航空局は赤の点線で示した経路を調整経路として運用することを計画しています。特に浜松沖の「K空域」は、使用頻度の高い太平洋ベルト地帯の航空路なので、設定されている現行経路に加えて訓練空域使用時間外に経路を設定し、運用することを計画しています
出典：国土交通省「航空機の安全かつ効率的な運航について」

図2-1-3 　航空自衛隊射撃訓練等区域図

戦闘機にとって空対空・空対地の射場は不可欠です。航空自衛隊と米軍は、民間機の飛行

第2章 戦闘機の飛行空域と飛行場

に注意して射場を運用しています

参考：防衛省Webサイト

2-2 飛行場に必要な施設

　戦闘機が展開する飛行場は、平時に整備された施設が即、有事の施設となるので、国の緊迫度に応じて、必要な機能をもつ施設が整備されなければなりません。

　作戦間に重要なのが、飛行場が存在し使用できることです。悪天候などに阻まれて飛行場へ無事、帰還できなければ、戦闘機は戦力でなくなります。また、飛行場が破壊されて機能を失ってしまえば、戦闘機は着陸して、再発進することができません。この危惧を解消するのに貢献するのが、**基地機能と連携する航空管制**です。

　そこで、航空管制部隊は戦闘機の発進・帰投の支援を本来の任務としますが、そのほかに、迎撃で打ち漏らした爆撃機が飛行場に侵攻してくるのを、レーダーサイトの警戒管制部隊と連携してターミナルレーダーで監視し、味方の残存戦闘機をその爆撃機に誘導することも重要な任務です。また、巡航ミサイルの侵入を監視する早期警戒機の飛行支援も欠くことはできません。

　このように、**飛行場は戦闘機と一体化した戦力源として存続**しなければなりません。

　戦闘機の運用には、滑走路をはじめ、さまざまな施設を必要とするので、これらの施設を収容できる適切な広さの飛行場が必要です。戦闘機が配備される飛行場には基本的に次の施設が必要です。

①滑走路、誘導路、オーバーラン、着陸帯、駐機場、格納庫、整備・補給倉庫、掩体壕、落下傘乾燥塔、消防・救難・救

護・レッカー車などの特殊車両施設、飛行指揮所、待機室、通信施設、航空管制施設、気象施設、飛行場灯火、隊舎など

②これらの施設が収容でき、掩蔽（えんぺい）ができる広い敷地

③作戦系の情報通信のほかに民間航空と連携できる訓練空域、空対地・地対地射場運用のための情報・通信系、民間の航空管制システムとの連絡通信・情報処理系

● **なぜ長い滑走路が必要なのか？**

　一般に、航空機の着陸距離は離陸距離より30％ほど長いといわれています。しかし、重装備の戦闘機でも、500〜600mの滑走距離で離陸します。着陸も、650〜780mあればできます。大型ジェット旅客機でも1,500mあれば離陸し、2,000mあれば着陸できます。それなのに、戦闘機が離着陸する滑走路が3,000mもあるのはなぜでしょうか？

　それは、**戦闘機が離陸を断念して、残りの滑走路内で停止できる長さが必要**だからです。一般に、離陸滑走後、停止するためには、**離陸距離の倍以上の距離が必要**といわれています。今、離陸距離を600mとすると、停止するためには1,200m以上の距離が必要です。

　離陸を断念してからの距離を計算すると、少なくとも600m＋1,200m以上＝1,800m以上の滑走路が必要ということになります。このため、戦闘機の滑走路上でのアクシデントなどの安全性を考慮して、3,000mの滑走路が準備されているのです。

　滑走路の長さを決めるもう一つの要素として、戦闘機の着陸時の滑走路の、**ブレーキングアクション**という数値で規定される

滑走路表面の凍結などの状態があります。

　これについては**4-3**でくわしく説明します。

●戦闘機と民間機との離陸操作の違い

　滑走路の長さを考える参考として、戦闘機とジェット旅客機の離陸操作の違いを見てみましょう。

　パイロットは、滑走路に進入したらしっかりブレーキを踏んで規定のパワーまでスロットルを進めてエンジンパワーを上げます。エンジン計器をすばやく読み取って、正常に動いているかどうかをチェックします。

　民間ジェット機の場合は、ここまで副操縦士とチェックを分担していますが、**戦闘機のパイロットは一人**なので、エンジンチェックのほか、針路計、磁気コンパス、電気系統、エアコン系統などすべてをチェックします。管制塔からの離陸許可を確認したら、前方の滑走路上に何もないことを確認して、ブレーキを解除します。機体が動き出したら100％のパワーにします。

　機体は急に加速し始めます。民間ジェット機は、このままパワーを維持し、機体が**離陸速度**(V_r)に達したらエレベーターを引き、機首を上げます。一方、戦闘機のパイロットは、機体の加速を感知したらスロットルを100％パワーから**アフターバーナー領域**へと進めます。

　パイロットは、急激な加速を感じたらエンジンノズル計器が開になるのを見て、アフターバーナーの正常点火を確認します。パイロットがこのアフターバーナー領域を感じるのは、ブレーキを離してから5秒後です。

　戦闘機はブレーキを離してから15秒程度ですべての離陸操作を完了しますが、戦闘機、ジェット旅客機に限らず、機体が離陸速

度に達するまでの機体は、霧、雲、横風、滑走路面の影響を受けやすく不安定です。

戦闘機のパイロットもジェット旅客機のパイロットも、機体が**離陸決心速度（V_1）**に達するまでは、五感を精一杯働かせて細心の注意を払い、離陸中止（RTO：Rejected　Take-Off）するか否かを決心しなければなりません。機体が離陸決心速度を超えたらRTOはできないので、パイロットは離陸動作を完了しなければなりません。

アフターバーナー領域に入っても戦闘機の機体の加速が思うようにいかず、パイロットがRTO（離陸中止）を決心する時期が遅れたと判断したときは、ブレーキを一杯にかけても止まらずに、滑走路端に設置されている**バリアー（機体係留停止装置）**にヒットすることも想定しなければなりません。

また、小型の戦闘機は着離時、旅客機に比べて追い風に流されやすく機体が不安定になり、それだけ長い滑走距離を必要とします。この場合にも慎重な対応が航空管制にも求められます。

アフターバーナーを点火して離陸する
F-15Eストライク・イーグル　写真：米空軍

2-3 掩体壕の構築

　防衛作戦では、航空機、作戦指揮所や滑走路などの兵器や施設に上空から攻撃を受けても生き残り、回復して残存性を保持することが最も重要です。

　現代戦では相手の爆撃機が飛行場まで到達しなくても、**スタンドオフ戦法（脅威の射程外から兵器を放つ）**や、潜水艦などから発射される**巡航ミサイル**、**空対地誘導爆弾**などの攻撃によって破壊されることを想定しなければなりません。

　これらの破壊から守るため、戦闘機の被爆回避にとって、とりわけ重要な施設である**掩体壕**について見てみたいと思います。

　とくに基地防衛用の地対空ミサイル、対空機関砲、弾薬、戦闘機兵装用のミサイル・機関砲などはもちろんのこと、主要兵器である戦闘機、警戒管制機、給油機、輸送機などや機体の部品・主要補給品、整備場などを、上空から見つからないように**隠蔽**(隠す)するだけでは不十分です。情勢の緊迫度に応じて、爆弾が降ってきてもびくともしないように**掩蔽**することが大切です。

　戦闘機を掩蔽する有効な手段としては、すみやかに発進が可能なように、掩体壕は地下または半地下に構築することが必要です。

　落下傘の乾燥塔、航空管制の管制塔、レーダー施設などのように規模が大きくて容易に掩蔽できない施設は、代替手段を準備しておきます。特に管制塔や航空管制用のレーダーアンテナは、飛行場の目標になりやすく、最初に破壊されると見なさなくてはなりません。指揮先導車、電源車、給油車、除雪車、消防車、レッカー車、化学車、救急車、滑走路修復車などの作戦資材も掩蔽しておくことが望ましいといえます。

第2章 戦闘機の飛行空域と飛行場

　実際に空襲を受けたときには、飛行場管制官は指揮所の指示のもとにラプコン（RAPCON：Radar Approach Control、レーダー進入管制所）と連携して、迎撃のために戦闘機をすみやかに発進させたり、ほかの飛行場に向かわせたり、空中に待機させたりして被害の局限を図ります。

　また、管制官は、有事の際の**飛行場灯火の灯火管制**についても手順を確立しておかなければなりません。

航空機を退避させる西ドイツ（当時）のシェルター群。写真は1988年に撮影されたものです
写真：米空軍

2-4 滑走路・飛行場の残存性の確保

　飛行場を破壊する爆弾は、爆撃機や潜水艦、巡航ミサイルによって運ばれてきます。最新の滑走路破壊爆弾の中には、コンクリートを貫通して地中の深部で爆発する**バンカーバスター**や**高速滑空弾**のような、ブルドーザーで容易に穴埋めできない40m^{2}以上の大きな破壊力のあるものもあります。

　また、着弾前に多爆弾に分かれて投下され、時限信管をつけて5分後に爆発するもの、1時間後に爆発するものなど**時間差爆発**を作為できるものが開発され、実用化されています。

　このようなものにより大きな被害を受けた場合でも、管制官は飛行部隊と連携して、誘導路や残りの滑走路を使って離着陸可能かどうかを見極め、滑走路の残存性を確保します。

　飛行場には戦闘機の運用を支援するのに必要な施設以外はないので、その一つでも破壊されたら、飛行場の機能は減少または麻痺します。機能に損害を受けた場合には、すべてに優先して復旧が行われます。

　また一回の破壊に負けず、復旧部隊と連携して、発進・帰投する戦闘機に、不具合箇所や一部運用停止箇所を伝えるなど、何回でも根気よく、飛行場の早期回復を図るのも、基地と連携する航空管制の役目の一つです。

　防衛作戦で最も大切なのは、攻めてくる相手に「これ以上撃墜され、破壊されては損害が大きすぎる」と、侵攻をあきらめさせることです。そのためには**残存性を確保して、再戦力となって何回も出撃して執拗に迎撃**することが必要です。

　これに成功した歴史が、第二次世界大戦でドイツの爆撃機ユン

第2章 戦闘機の飛行空域と飛行場

レーザー誘導爆弾のGBU-28バンカーバスターを投下するF-15Eストライク・イーグル。掩体壕（バンカー）など堅固な目標も破壊できます
写真：米空軍

英空軍の戦闘機「スピットファイア」。写真では米軍のB-17爆撃機を護衛しています
写真：米空軍国立博物館

地対空誘導弾ペトリオット(PAC-3)。多機能フェーズドアレイ・レーダーやテレビモニター(TVM)誘導方式の採用で、超低高度から高高度までの複数目標に同時に対処できます　　写真：航空自衛隊

カースによるロンドン攻撃を、英国の戦闘機スピットファイアが次々と迎撃して撃墜したことです。

● 歩哨部隊と防空部隊

飛行場破壊の局限を図るため、情勢の緊迫度に応じて通常、**基地防衛部隊**が編成されます。

基地防衛部隊は、テロなど基地内への侵入を防ぐために港湾を含む基地の外周を警護する**歩哨部隊**と、空からの侵攻を防ぐ**防空部隊**からなります。

歩哨部隊は、基地周辺の情勢に応じて銃、機関銃、ロケット砲、装甲車などを装備します。

状況によって陸、海部隊の応援を依頼します。

また、防空部隊は、高射機関砲、高射ロケット砲、地対空誘導弾、短距離地対空ミサイルなどを装備します。

基地防衛部隊は、戦闘機の運用部隊、地対空ミサイル部隊、警戒管制部隊や陸海部隊と連携して目標を正確に捕捉し、早期に迎撃して侵攻を防がなくてはなりません。

航空管制は戦闘機の指揮部隊や基地防空部隊と連携して、侵攻する敵機のレーダーによる監視や、味方機の目標へのレーダー誘導などにあたります。

基地防空用地対空誘導弾。旧型の短SAMよりも優れた性能をもち、巡航ミサイルと空対地ミサイルに対処できます
写真：航空自衛隊

2-5 民間機防衛の対策

民間機防衛の対策として考慮しなければならないのが、**民間機が飛行する空域の防衛**と**民間空港の防衛**です。

●民間機が飛行する空域の防衛

民間機の飛行空域は、領空に留まらず世界の洋上全域に及んでいるので、これを防衛することは事実上不可能です。

そこで重要となるのが、緊張状態が高まり、国家の安全が脅かされることが予想される場合は、国家安全保障会議(NSC: National Security Council)の決定の下に、航空路管制機関が主体となって、危険空域を指定して、**民間機の運行を一時停止**することです。

このためには、運輸省(日本は国土交通省)の航空機関と軍(日本は防衛省)の関係機関との連携を緊密にして、安全に関する情報の通報と、**緊張の段階に応じて取るべき態勢を事前に準備**しておくことです。

●軍民共用飛行場の防衛

戦闘機が所在する飛行場は、相手の最優先の攻撃目標となります。ですから、戦闘機と民間機が共用している飛行場は、民間人が巻き添えで犠牲になる公算が大きく危険です。

緊張の度合いに応じて民間機を安全な場所に一時退避させたり、民間機の停泊場所を変更したり、根拠飛行場を変更したりすることが必要です。

このため、NSCは緊張度に応じて取るべき処置をあらかじめ決

めておくことが必要です。

この場合に大切なことは、さまざまな処置を取ることが相手方に知られると、かえって相手方の警戒心や緊張度を高めることになるので、**いかにして秘匿(ひとく)しつつ、円滑に行うか**です。

とくに日本は戦後、第二次世界大戦でゼロになった航空資産から民間航空の復活を急いだので、欧米に比べて防衛上の利害を考慮する暇がなく、民間と自衛隊の共用飛行場が比較的多いのが特徴です。

なお、軍民共用飛行場の安全保障上の深刻な問題点については、2015年4月20日付の『WEB Voice』(PHP研究所)で、常磐(ときわ)大学教授の樋口恒晴氏が「防衛を忘れた空港－有事に対応できるのか？」(https://shuchi.php.co.jp/voice/detail/2268)として警鐘を鳴らしています。

また、那覇空港のように、戦闘機が駐留する共用飛行場を、民間の航空管制機関が担当している場合もあります。このような場合は、緊張が高まることが予測される適切な時期に、NSCの決定によって国土交通省と防衛省が事前に協議し、航空局が実施する航空管制を、一時、航空自衛隊が肩代わりするための訓練を、航空局の指導のもとに開始する必要があります。

那覇空港の戦闘機と旅客機
出典：国土交通省Webサイト

那覇空港は、軍民共用の飛行場であるうえ、航空管制も航空自衛隊が行っていません。このような飛行場は、有事に備え、緊張度に応じて十分な準備と訓練が求められます

こぼれ話 2

建学の精神は「均衡のとれた、民主主義を理解する人」

　防衛大学校の初代校長である槇 智雄先生は、1953（昭和28）年4月8日の第1期生の入学式に「いずれかに偏しない均衡のとれた人物」「民主主義を理解する人」の2つを要望しました。この2つは、旧軍の暴走の反省から生まれた「珠玉の言葉」といっていいでしょう。

　校長はこの言葉を敷衍して、「いかに学問技術の造詣に深くとも、人としての性格や指揮する材幹において欠くることがあれば有能な指揮官として期待することが困難でありましょう」と述べられました。また、民主主義への服従の精神、自由と規律について「遵法精神に服する意思なくして真の民主制度は成立せず、規律なくして真の自由はなく、個性の尊重は近代文明の基礎であります」とも述べられました。

　当時の吉田 茂首相から、保安大学校設立の準備を依頼された槇氏は、英国留学の識見を生かして、民主主義国家にふさわしい指揮官養成の学校の実現をめざし奔走しました。

　自衛隊の充実・発展にともなって、われわれはともすると日々の忙しさにまぎれて、この建学の精神を忘れがちですが、ときには立ち止まってこの言葉を思い出し、拳々服膺することも意義があるのではないかと思います。

1957（昭和32）年、防衛大学校第1期卒業式。槇 智雄校長から卒業証書を受け取る卒業生。左手前は吉田茂元首相。横須賀市小原台の防衛大学体育館にて撮影された
写真：朝日新聞社/時事通信フォト

第3章
戦闘機の航法・通信システム

戦闘機の航法を支えているものは、「戦闘機が地球上のどこにいるか」を知る位置測定装置と、2点間の移動を可能にする方位と距離の慣性誘導装置です。

第5世代の戦闘機は、この両方の装置に最新の機材を搭載して、地球上のどこへでも地形の上を精密に飛行できます。

第2世代以降の戦闘機は、訓練空域で訓練をするとき以外は、国際民間航空機関（ICAO：International Civil Aviation Organization）が規定する民間空域を飛行しなければならないので、航法システムは ICAO が決める基準に合致するようにつくられています。

ここでは、それらのシステムを見てみましょう。

3-1 衛星を利用して自分の位置を知る

戦闘機が自機の位置を知るために用いられている最新の装置は、GPS受信装置です。GPSは米軍が開発して、民間にも使用を認めたものです。

GPSは、地球を中心にして**ナブスター(NAVSTAR：Navigation Satellites with Time And Ranging)**と呼ばれる31個(予備も含める)の人工の小衛星を、20,200kmの上空に配置しています。

NAVSTARは、地球を球(正確にいえば回転楕円体)で取り巻くような6面の円(正確にいえば楕円)上に、それぞれ配置したものです。全体が地球の周りを、地球の自転速度の約2倍の速度で回転しています。

地球の周りを1周する時間を周期といい、ナブスターの周期は11時間58分02秒です。

NAVSTARにはセシウムまたはルビジウム原子時計が搭載されていて、地球に向かって発信時刻付きの電波信号を連続して発信しています。

戦闘機の受信機は、最低4つのナブスターからの信号を受信して、ナブスターの位置と信号を出した時刻からナブスターと戦闘機の距離を算出し、4つのナブスターが発信する信号の交点から自機の地球上の位置を計算して、緯度経度と地球表面からの高度を知ります。

パイロットが見る航法表示板には、地理地図と地形地図があらかじめ組み込まれているので、自機の緯度経度を重ね合わせれば、**「どこを飛行しているか」**を正確に知ることができるようになっています。

第3章 戦闘機の航法・通信システム

ナブスターのイメージ。このイメージイラストは最新のGPSⅢ　　　　　イラスト：米空軍

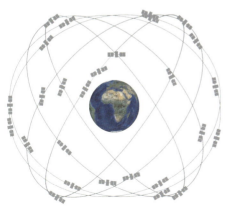

地球を取り巻くナブスターの
イメージ　　イラスト：NASA

3-2 衛星を利用して進みたい位置に移動する

　GPS受信装置は、自機の位置だけでなく、緯度経度で特定の位置を指定し、そこに向かう方向と距離を簡単に定められます。パイロットは、航法表示板に示された地図の上に、次に向かう位置を指定すれば、GPS受信装置のコンピューターがその位置までの方位と距離を計算し、装備している機体固定型の**レーザーリングジャイロ**に指示します。ジャイロは自動的に動いて、機体を次の位置に向かわせます。

　レーザーリングジャイロの原理は**図3-2-1**で説明するように、グラスファイバーでつくった三角形のリング内での光路差が周波数の**位相差**を生みます。位相差のある光がプリズムで分光され、検出器で検出されると、干渉して強め合うところと、打ち消し合って弱められるところができて**干渉縞**ができます。干渉縞の本数は、レーザーリングジャイロの角速度に比例するので、それをパルスとして読み出して、角速度を測ります。レーザーリングジャイロを機体に固定して使用すれば精密な角速度がわかり、この角速度を時間で積分すれば方位がわかります。さらにこの方位に機体の中心の加速度を積分して距離を求めれば、移動距離がわかります。

　レーザーリングジャイロを使用した慣性基準システムは、**慣性基準ユニット**（IRU：Inertial Reference Unit）と呼ばれており、機体に固定され、直接、変化を読み取ります。これにより、機械部分の誤差が解消され、初期のボーイング747などに用いられていた機械式ジャイロを使った慣性航法装置（IRS：Inertial Reference System）よりも、戦闘機の移動位置を高精度で検出します。この

位置の変化量は、自動的にマッピングに取り込まれ、戦闘機の正確な飛行位置を示します。

また、レーザーリングジャイロを3つ用いれば、ピッチ、ロール、ヨーのデータを1つにまとめて、空間中の機体がどんな運動をしているかわかります。格闘戦では通常、相手機への接近軌道を自機が自動的に動かすのをストップさせて、手動で操縦桿を操作し、相手の移動位置を目測で予測し、自機を最適な位置に移動させます。これが、対戦闘機戦闘などで用いられるこれまでの飛行方法です。しかし、最新の戦闘機は、これを完全に自動で行えます。

図3-2-1　精密な飛行を可能にするレーザーリングジャイロ

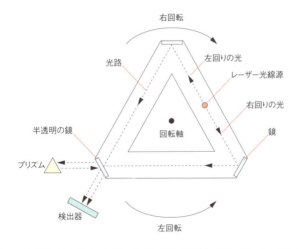

「サニャック効果※」を応用したものが**レーザーリングジャイロ**です。図のように、右(または左)に回転するリング内の光源から右回りと左回りのレーザー光を発して鏡に反射させ、最後に半透明の鏡を通して光路差の光を集め、プリズムで分光して検出器に送り、投影される縞模様で周波数の位相差を判別します。これにより、機体が運動した際の回転軸に対する回転方向や角速度を検出します

※　光路の中を進む光の速度を一定にして、光路が右回転したり、左回転したりすると、回転方向の角速度と同じ方向に回転しているレーザー光は長い光路を進んだように見え、光の周波数の位相差を生むこと。

3-3 GPSの測位精度を上げる

　戦闘機がGPSを直接利用する航法原理は、前述のとおりですが、これではせいぜい10～30m程度の測位精度を得るのが精一杯です。地理上を正確に移動し、兵器の効果を上げるためには、それ以上の精度を必要とします。

　そこで考えられたのが、既知の高い精度をもつ近傍のアンテナ施設(電子基準点)から、その位置の緯度経度とその時点でGPSから測位した値の差(DGPS：Difference GPS)を発信してもらい、戦闘機がGPSで測位した緯度経度をDGPS値で修正して、精度を向上させるというものです。

　そのためには、戦闘機が飛行する一定の範囲に、DGPS値を中継する衛星(航法衛星)が必要です。

　米国は**インマルサット**(INMARSAT：International Maritime Satellite Organization、国際海事衛星)と呼ばれる航法衛星のネットワークである**広域衛星航法補強システム**(WAAS：Wide Area Augmentation System)を中継して、DGPS値を放送しています。

　日本も運輸多目的衛星であるエムティーサット(MTSAT：Multi-functional Transport Satellite)を2機打ち上げて、運輸多目的衛星用衛星航法システムであるエムサス(MSAS：MTSAT Satellite-based Augmentation System)というネットワークを形成し、DGPS値を放送しています。

　ところが、米国のWAASが大量の電子基準点を使ってGPS信号を補強しているのに対して、MSASは2つの電子基準点しか使っていないので、補強して得られる精度は劣ります。

　そこで、日本国内をRNAV(Area Navigation：広域航法)方式

第3章 戦闘機の航法・通信システム

日本最南端の有人島である波照間(はてるま)島の電子基準点。外観はステンレス製で高さは5m。全国約1,300カ所に設置されています。上部にはGPS衛星や準天頂軌道衛星からの電波を受信するアンテナがあります

日本の準天頂軌道衛星「みちびき」2号機、4号機のイメージ。米国のGPSとも互換性があり、「日本版GPS」と呼ばれることもあります　　　　イラスト：内閣府宇宙開発戦略推進事務局

で飛行する場合は、空港監視レーダー（ASR：Air-port Surveillance Radar）、または航空路監視レーダー（ARSR：Air Route Surveillance Radar）によるレーダー監視を義務づけています。そのうえ、日本周辺上空は電離層の影響を受けやすく、ナブスターの信号を完全に受信できなかったり、信号の遅延が生じています。

● 「みちびき」で米国並みの精度を実現

しかし、JAXA（日本宇宙航空開発機構）などの努力によって、2017年10月、日本は準天頂衛星システム（QZSS：Quasi-Zenith Satellite System）「**みちびき**」で用いられる「みちびき」4号機の打ち上げに成功しました。

これにより、2018年11月には、4機の準天頂衛星とNAVSTARの信号をあわせて利用できるようになり、WAAS並みの精度を得られることが期待されています。

前ページ下の写真は、準天頂軌道衛星「みちびき」2号機、4号機を示したもので、**図3-3**は「みちびき」の周回軌道を地上に投影した図です。なお、3号機は静止軌道衛星です。

すでに4機の「みちびき」が打ち上げられ、国土地理院が整備した全国約1,300の電子基準点のうちの300程度の基準点を使ったDGPS値で補強することが可能になります。

これが完成すれば、F-35ライトニングⅡ戦闘機は、日本の国土や周辺海域の上空で精度の高い位置情報が得られるとともに、着陸時に**水平・垂直方向精密進入（LPV：Lateral Precision with Vertical Guidance）** を行うことができます（**3-7**参照）。なお、LPVには、機上に最新のGPS受信機、慣性基準システムと一体化した地図表示装置が必要で、F-2、F-15、F-4などは改修する必要があります。

図3-3 「みちびき」の準天頂軌道

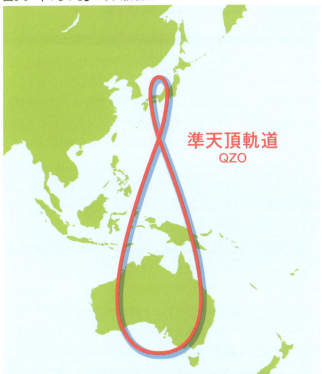

経度を維持したまま静止衛星を南北方向に移動させた軌道は、地球の自転との関係から直線ではなく、南北対称の「8の字軌道」になります。この軌道に離心率をつけて(楕円にして)南北非対称にしたものを「準天頂軌道」といい、「8の字」の小さいほうでは移動速度が遅いため、長くとどまります

提供：内閣府宇宙開発戦略推進事務局

3-4 戦闘機の通信手段

　戦闘機が搭載している通信手段はUHF(Ultra High Frequency：極超短波)による無線通信です。そのため、作戦用にも航空管制用にも使えるように、多チャンネルのUHF無線通信機を装備しています。作戦中は、航空管制所も、秘匿を前提とした特定(Discreet)周波数を使います。戦闘機には、送信機から150マイル(約278km)以上の、UHF通信機の電波が届かない空域を飛行する場合があっても、何らかの中継手段が設定されます。ですから、旅客機のように衛星通信を利用して太平洋や大西洋を横断するような長距離飛行は想定されていません。

　戦闘機は限られた目的のために、限られた空域で運用されます。ですから、旅客機が装備しているような、VHF(Very High Frequency：超短波)送受信機の覆域外でも交信できるVHFのデジタル方式や、**管制官ーパイロット間データリンク通信(CPDLC：Controller Pilot Data Link Communication)** に相当する**UHFデータ通信装置**は装備していません。

　戦闘機が装備しているのは、作戦用の**戦術データリンク**です。一般的に戦闘機では、秘匿されない通信のための電波を作戦中に発することは、相手に位置を知らせることになるので禁じられているため、戦術データリンクによる通信など、相手に探知できない手段を用います。一方、相手に対しては強力な妨害電波を発して、相手の戦術データリンクが機能しないようにします。この手段が確立されていても、**サイレント発進**と**サイレント帰投**は、作戦間の行動の基本的な要訣です。このため、戦闘機部隊は、日ごろから送受信を最小限に抑制する訓練を心がけています。

第3章　戦闘機の航法・通信システム

F/A-18のコクピット。通常、戦闘機はUHFデータ通信装置を装備していません　写真：米空軍

図3-4　戦術データリンク妨害用送受信技術の研究

自軍の戦術データリンクは秘匿し、敵軍のそれは妨害することが求められます　出典：防衛装備庁

3-5 飛行場防空に欠かせない「戦術データリンク通信」

　作戦源である艦や母基地の防空は、空軍もさることながら、海軍が重厚な対策をしています。とくに艦（空母など）や艦上機の位置や行動の秘匿は、**戦術データリンク**の使用によって行われています。

　空軍は、作戦域において戦術データリンクの運用を重視しています。一般に基地の航空管制は作戦域から離れていますが、作戦の推移によっては作戦域になったり、近接したりする場合があります。とくに戦域に近い基地は戦場と同じで、発進・帰投の航空管制にも戦術データリンクの装備が必要です。

　日本は大陸ではなく孤島に属するので、防空となると周りを取り囲む海が障害の役目を果たしてくれます。しかし、その海洋も、長距離爆撃機の出現や、戦闘爆撃機や潜水艦から発射され、低高度を900kmも飛翔する巡航ミサイルの開発、空中給油機による戦闘機の行動半径の倍増などによって、近代兵器にとっては必ずしも障壁といえなくなっています。

　日本の防空もこのような状況に応じて、飛行場防空にも気を抜けない事態になっていることを認識し、あらゆる事態に想定しておかなければなりません。

　作戦は、相手の情報を得ることが第一ですが、味方の動向を相手に知られないようにすることも同じように重要です。航空管制は後者の部類に属します。味方の動向を相手にさらしやすいのが**通信**です。航空管制は、通常の無線通信をすれば、相手に戦闘機の機種・装備、機数、規模などを知らせかねません。これを防ぐのが**データリンク通信**です。

第3章 戦闘機の航法・通信システム

●米海軍の「LINK11」、米空軍の「TADIL-A」

　現在、日米で使われている戦術データリンクは、米海軍で**リンク(LINK)11**、米空軍で**TADIL-A**と呼ばれるシステムです。リンク11で送信されるメッセージは**Mシリーズ**と称され、参照点の座標を送信するM1、空中目標の座標を送信するM2、水上目標の座標を送信するM3などがあり、航空管制用の情報を送信するシステムはM10と呼ばれています。

　伝達距離は、飛行場関連管制機関と航空機間で150マイル(約278km)、端末機器数は20個程度で、比較的小規模の航空部隊の範囲で運用されます。伝達速度はUHF帯使用で2250bps、対電子妨害対策(ECCM)を施した仕様では1800bpsです。ネットワークに参加できるユニット数は最大で62なので、戦闘機62個の編隊(Formation Flying)と送受信システムを構成することができます。航空自衛隊も、情勢の緊迫度に応じて早晩M10の戦術データリンクを装備することが求められます。

　現在、米海軍は**リンク16**(米空軍では**TADIL-J**)と呼ばれる統合戦術情報システムを使用した、最新の戦術データリンクを開発し、運用しています。通信速度は115kbpsとリンク11よりも向上していて、衛星中継通信も可能となっています。航空自衛隊や海上自衛隊の作戦部隊も採用しています。

リンク16のイメージ。空海の作戦機が衛星を中継して統合戦術情報を入手しています
イラスト：BAE Systems

3-6 その他の手段で自分の位置を知る

　戦闘機が自機の位置を知り、行きたい地点に移動できる手段として、GPS以外に今なお多用しているのは、航行援助無線施設の**戦術航法装置**（TACAN：Tactical Air Navigation）です。

　TACANは米海軍が軍用に開発したもので、UHFの周波数帯（960～1,215MHz）を利用します。

　地上局が発する電波によって、戦闘機の受信局に方位と直線距離を与えます。

　UHFの使用により、VOR（VHF Omni-directional Radio Range：超短波全方向式無線標識）に比べてアンテナを小型化でき、移動式のものや艦船にもTACAN局を設置できます。

　方位測定はパルス波で行い、基準波との位相差によって航空機からの方位が判明します。

　距離測定は、質問波に応答することにより、時間差測定が行われます。

　通常、ターミナル用として発進・帰投飛行場に設置されるほか、TACAN航空路を形成するための航行援助無線標識として設置されます。

　国内では、VORと併設されて、**VORTAC**として民間の空港や航空路用に多数、供されています。

　最後に、戦闘機が最も頼りにするのが、警戒管制部隊と航空交通管制機関がもつレーダー監視システムによるレーダー誘導です。

　ここでは、航空交通管制機関によるレーダー誘導について説明します。

　管制機関によるレーダー誘導により、たとえ戦闘で戦闘機の航

第3章 戦闘機の航法・通信システム

TACANは戦闘機の航法にとって貴重です。日本はその全土にわたって要所要所に設置されています
写真：米空軍

ターミナルレーダーの管制官は、戦闘機が装備しているGPS、TACAN、レーダーの受信機を十分に活用して、効率よくレーダー誘導します
写真：米海軍

法計器が故障しても、管制官の指示に従って飛行すれば、帰投飛行場の滑走路に着陸することができます。

管制機関のレーダーには、以下の4つがあります。

①航空路監視レーダー(ARSR:Air Route Surveillance Radar)
②飛行場(空港)監視レーダー(ASR:Airport Surveillance Radar)
③精測進入(精測)レーダー(PAR:Precision Approach Radar)
④空港(飛行場)面探知レーダー(ASDE:Airport Surface Detection Equipment)

①航空路監視レーダー(ARSR)は、国内の航空路を飛行する航空機を管制する航空路(管制区)管制所(ACC:Area Control Center)や、海外へ向かって洋上を飛行する航空機を管制する航空交通管理センター(ATMC:Air Traffic Management Center)が、200～250マイル(約370～463km)まで監視できるレーダーアンテナサイトを日本全土に配置して、日本の上空や周辺上空の管制区、航空路を飛行する航空機を、飛行目的に応じて誘導・監視するレーダーシステムです。

また、②飛行場(空港)監視レーダー(ASR)は、飛行場の中心付近に回転するレーダーアンテナを置き、飛行場から半径40～60マイル(約74～111km)の範囲を監視・誘導できるレーダーです。

③精測レーダー(PAR)は、滑走路に着陸する航空機を管制官がASRで滑走路の延長線上10マイル(約18.5km)の地点まで誘導し、それを引き継いだ管制官が、図3-6-1(56ページ)に示すような画面に映る航空機を、水平経路と垂直経路に乗るように無線電話で「Slightly left of course」「On course」「Slightly above glide path」「On glide path」のように指示して誘導する装置です。

第3章 戦闘機の航法・通信システム

航空路監視レーダー(ARSR)　　　　　　　　　　写真：国土交通省Webサイト

飛行場(空港)監視レーダー(ASR)

④空港(飛行場)面探知レーダー(ASDE)は、航空機に取り付けた二次レーダーの自動応答装置(トランスポンダー)を利用したレーダーなどと合わせて、飛行場内を移動する航空機を監視できるレーダーです。

レーダーには、アンテナから発射した電波が航空機に当たって帰ってくる電波を捕捉してレーダースコープ上に表示する**一次レーダー**と、レーダーアンテナから質問電波を発して返ってくる応答電波を処理してスコープ上に表示する**二次レーダー**があります。

一次レーダーは、航空機の正確な位置を特定するのに欠かせないシステムです。

二次レーダーは、スコープ上に航空機の位置、コールサイン、飛行高度、飛行速度、巡航・上昇・降下、進路などを表示して、管制官の記憶作業を肩代わりすることで管制の効率化に貢献しています。

レーダー表示は、航空路監視レーダーと飛行場(空港)監視レーダーでは画面に若干の相違がありますが、飛行場(空港)監視レーダーのスコープ表示画面の一例を示すと、図3-6-2(56ページ)のようになります。パイロットは、管制官がこの表示装置で確認しながら指示する方位や高度に従って飛行します。

レーダーによる飛行は、戦闘機が搭載している航法装置によって自律的に飛行できるものではなく、地上の管制機関の誘導によって飛行できるものです。

作戦を終えて天候の悪い中を帰投する戦闘機は、GPSやTACANによる航行はできても、安全に効率よく飛行場に着陸するためには、この地上のレーダーサイトや管制機関によるレーダー監視や誘導を欠くことはできません。

このような状況については、第4章以降で順次説明します。

第3章 戦闘機の航法・通信システム

空港(飛行場)面探知レーダー(ASDE)

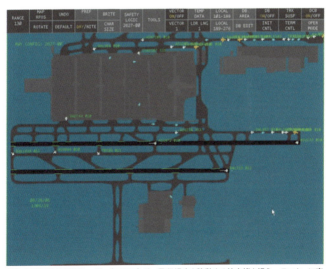

空港(飛行場)面探知レーダー(ASDE)が、飛行場内を移動する航空機を捉え、モニターに表示する

写真:米国航空宇宙局(NASA)

図3-6-1 精測レーダー(PAR)の画面イメージ

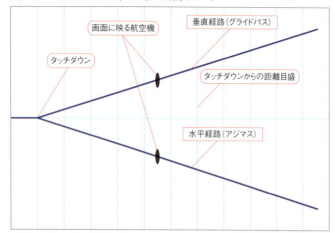

上半分は真横から見た着陸機の位置。垂直経路(グライドパス)から大きく外れないよう誘導します。下半分は真上から見た着陸機の位置。こちらも(水平経路)アジマスから大きく外れないよう誘導します

図3-6-2 入域管制席のレーダースコープ表示

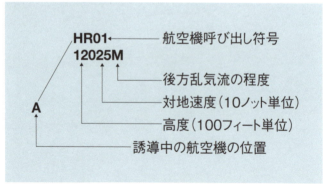

HR01機の高度は12,000フィート(約3,657m)、対地速度は250ノット(463km/h)、後方乱気流はミディアムということです

3-7 戦闘機の最新着陸誘導方式、水平・垂直方向精密進入(LPV)

航空機は、滑走路の延長線上10マイル(約18.5km)の地点から滑走路の接地点(タッチダウン)までの誘導が、精密であればあるほど、視界が悪くても着陸できます。

現在、利用されている最も精密な着陸誘導装置は、民間機が使用している**計器着陸装置(ILS:Instrument Landing System)**です。ILSは、パイロットに滑走路への進入コースを指示する装置で、「視程ゼロ、雲高ゼロ」という一寸先も見えない状況でも民間機の着陸を可能にします。

民間機は機体のスペースに余裕があるので、ILSの機上装置を積めるのですが、戦闘機は機体が小さい上に、火器管制装置などほかの搭載機器の要求が多くて、ILSを搭載するスペースがありません。

そこで戦闘機がお世話になるのが、**3-6**で解説した精測レーダー(PAR)です。PARは、戦闘機の機体に何も搭載しなくても、地上で機体を捕捉して誘導してくれる「優れもの」です。

しかし、戦闘機においても衛星利用の進歩は著しく、F-35ライトニングⅡが搭載しているGPS受信機に見られるように、GPS信号を利用してPARと同じ精度の進入降下、そして着陸ができるようになっています。この装置を使って行う計器着陸方式が、**3-3**で述べた**水平・垂直方向精密進入(LPV:Lateral Precision with Vertical Guidance)**です。

LPVは、米国の全飛行場で使用されている方式で、WAASの電子基準点を大幅に増やして、DGPSの精度を向上させ、可能にしたものです。LPVは、衛星(GPS)だけを利用して着陸進入する

方式で、地上にILSのような高価な施設を設置しなくても、着陸のための精密な進入降下を可能にしてくれるので、地方や田舎に飛行場の多い米国では、民間機にとっても「生活革命」ともいえる貴重な技術です。

●F-35ライトニングⅡならLPVで着陸可能

　日本もF-35ライトニングⅡの導入を決め、2018年以降に次々と配備されていきますが、ちょうど、準天頂衛星「みちびき」が稼動する時期にあたり、F-2、F-15イーグル、F4ファントムⅡでも、機体を改修することで、最新のGPS受信機、慣性基準システムと一体化した地図表示装置が機体に搭載されれば、LPVの利用が可能になるものと思われます。

　日本付近は電離層の影響を受けやすいなど、地理的条件によって電波環境が必ずしもよくないため、ナブスターが発した信号を完全に受信できない場合や、電波の遅延があります。また、日本上空や周辺の洋上で使用している航法衛星システムMSASは、照合している電子基準点が少ないので、DGPS値の精度が十分に得られない場合があります。

　「みちびき」は、国土地理院が計測した1,260の電子基準点のうち300程度の電子基準点から算出したDGPS値で補強した4つの子衛星によって構成されています。さらにF-35ライトニングⅡに搭載されている受信機は、4つのナブスターと「みちびき」の4つの子衛星から発せられた発信時刻付きの信号を受信して、8つの信号の到達距離を測ります。**この距離の先端で形成される八角形の中心を求めれば、自機の位置を測定**できます。

　条件がよい場合に測定される位置の精度は「12cm以下」といわれています。これによって、たとえ太陽活動のフレアによる電離

第3章　戦闘機の航法・通信システム

層の変化があっても、ILSのカテゴリーⅠやPARの位置の精度と同じ3.5～4.0m（11.5～13.1フィート）以下の精度に抑えることができます。将来は7つの子衛星を打ち上げて、東南アジアやオーストラリアでも利用できるようになります。

　日本に導入されるF-35ライトニングⅡは、悪天候下で帰投する場合、これまでのように訓練空域から回廊を通り、自衛隊のターミナルレーダー管制所のラプコン（レーダー進入管制所）と交信し、指示されたRNAVの標準到着経路（RNAV-STAR）を通りますが、ラプコン内に配置された精測レーダー（PAR）で誘導する管制席と交信する必要はありません。GPS受信機を用い、接地点に向けてLPV進入方式で降下し、滑走路に着陸することができます。

準天頂衛星システム「みちびき」の運用が始まれば、F-35ライトニングⅡは高精度な位置情報を得られるようになり、水平・垂直方向精密進入（LPV）もできるようになります　写真：航空自衛隊

こぼれ話 3

部隊勤務に役立った中国山地の横断

　私が防衛大学校の4期生として入学した1956(昭和31)年ごろは、日本の思想家の丸山眞男が指摘しているように、サンフランシスコ条約によって1952(昭和27)年に日本が独立し、ようやく占領軍の言論統制から解放されたときでした。

　この勢いは、文芸、演劇、スポーツにとどまらず、趣味の世界──とりわけ山岳登山にも及び、隆盛期を迎えました。

　防衛大学校にも、山岳部のほかにワンダーフォーゲル部などが結成され、学生の興味をそそりました。入部する前に、夏休みを利用して手ごろな山を踏破してみようという思いがつのり、ちょうど同じ方面に帰省する2学年(2年生)の学友と、中国山脈横断を試みました。

　学生課に計画を提出して、テント、食料などを調達してもらい、日曜日に東京・神田の登山グッズ専門店で買ったキスリングを背負って、東海道線で福山駅(広島県)に向かいました。福山駅から福塩線に乗って塩町まで行き、そこから中国山地に位置する標高1,268mの道後山に向かってハイキングを始めました。

　その日は西城町で日暮れを迎え、若い女性の当直の先生にお願いして、夏休みの西城小学校の校庭の端にテントを展張させてもらいました。

　そのあと、道後山山頂で2日目のビバークをして、そこから尾根伝いに船通山1,142mに達し、3日目のビバークをしました。ここで私は、広島県に向かう友達と別れ、私の先祖に影響を与えた尼子経久の居城「月山富田城」に向かい、安来市広瀬町方面に下山しました。ところが、木次線の横田駅を通り過ぎたところで突然、腹痛と激しい豪雨に見舞われ、やむなくハイキングを断念して木次線に乗り、宍道経由で出雲市の実家に帰りました。

　途中で断念したとはいえ、自分の力で構想・計画し、それを一つ一つ実行に移していく試行錯誤の繰り返しを身をもって経験し学習したことが、**後年、部隊に勤務してから大変役立ったこと**を思い出します。

第4章
戦闘機の飛行支援

　航空管制の第一の役割は、「平時は訓練空域に、有事は作戦域に向かう戦闘機を遅滞なく発進させ、帰投する戦闘機を迅速・安全に着陸・再発進させる」ことです。

　一般のジェット旅客機と異なり、戦闘機には**多数機同時発進**や**多数機同時帰投**があります。彼我不明機に対する**緊急発進**では、音速を超えて領空に接近する航空機に対して、一刻も早く離陸して対応する必要があります。このようなとき、航空管制が出す指示についても紹介します。

　また、平時に欠かせないのが戦闘機の訓練ですが、航空管制が戦闘機の**有視界飛行方式（VFR）**をどのように支援するかも実例を交えて解説します。

4-1 多数機同時発進と多数機同時帰投

　有事における戦闘機の運用で第一に考えられるのが、一度に多数の戦闘機が発進して、一度に多数の戦闘機が帰投することです。

　戦闘機は旅客機とは違い、2機編隊が滑走路の両サイドに分かれて離陸の準備をし、2機ずつが一定の間隔をおいて離陸し、上昇しながら合流して編隊を組み、戦域に向かいます。

　また、帰投するときは、ほぼ同時期に多数機が、弾薬と燃料を消費して着陸し、弾薬を充填し、給油を完了した戦闘機から再び編隊を組んで、戦場に向かいます。

　戦闘機の飛行を支援する航空管制の究極は、**全天候においてこれらをすべて支援することができる能力をもつこと**です。

2機ずつで離陸する百里基地所属のF-15Jイーグル

4-2 彼我不明機に対する緊急発進

　平時・有事を問わず、戦闘機部隊の重要な任務は、領空を侵犯しようとする**彼我不明機**を識別し、退去、着陸などの措置をとることです。

　全世界の国が加盟する**国際民間航空条約（シカゴ条約）**は、国の上空における主権を認め、第5条において「外国機の上空飛行や着陸は、一部（第7条に規定）を除いて事前の許可を受けなければならない」と規定しています。

　この主権は、国防大臣が一元的に行使する国もありますが、通常は運輸大臣が許可を求めてきた飛行計画に対して、これを承認（航空交通管制承認：ATC clearanceと呼んでいます）し、この情報にもとづいて、国防大臣が国の主権の及ぶ領空を出入りする航空機を監視する、という二元的方法を取っています。

　日本もこの方法を採用しており、国土交通大臣の管轄下にある航空局が管制承認を与え、この情報にもとづいて航空自衛隊がレーダーで出入機を監視しています。

　実際の情報の流れは、航空局が承認した飛行計画を集約して航空自衛隊に送り、これにもとづいて航空自衛隊の情報管理機関が彼我識別情報としてレーダー監視部隊に送ります。

●防空識別圏とは？

　一般に、事前の許可なく領空に入ろうとする航空機に対しては、その航空機が第7条の一部に該当するかどうかを戦闘機が**緊急発進（スクランブル）**して識別し、確かめなければなりません。近年、その数は増加傾向にあります（図4-2-1）。

不明機が領空に達するまでに識別しなければなりませんが、そのためには一定の空域（範囲）を必要とします。

　この範囲は通常、防空のための識別範囲と一致するので、わが国では**防空識別圏（ADIZ：Air Defense Identification Zone、エディズ）**と呼んでいます。

　ADIZは、図4-2-2に示すように、内側線と外側線に囲まれる空域です。内側線は識別を完了しなければならない最終ラインで、通常は領空（領海12海里の上空）の外側に設定されます。

　ちなみに、航空局が発行する**航空路図誌**には、ADIZ内を飛行する航空機が、雷雲回避や緊急事態に遭遇して、アドバイザリーサービスの援助を求めるときは、図4-2-2に示すコールサインと周波数で、自衛隊レーダーサイトを呼び出すよう示されています。

　各国は共通して、一刻も早く彼我不明機に接近できるように、緊急発進する戦闘機に対して航空管制上の優先権を与えています。具体的には、ターミナルレーダー管制所はスクランブル機に発進速度と発進方向を与えるだけで、上昇を許可します。発進速度は、

図4-2-1　緊急発進回数の推移

平成29（2017）年度は、南西航空混成団の緊急発進回数が減ったが、依然として高い水準にある

出典：防衛省幕僚監部

第4章 戦闘機の飛行支援

推力重量比が最大となるアフターバーナーを使った**バスター推力**です。

図4-2-2　防空識別圏（ADIZ）と緊急時の連絡方法

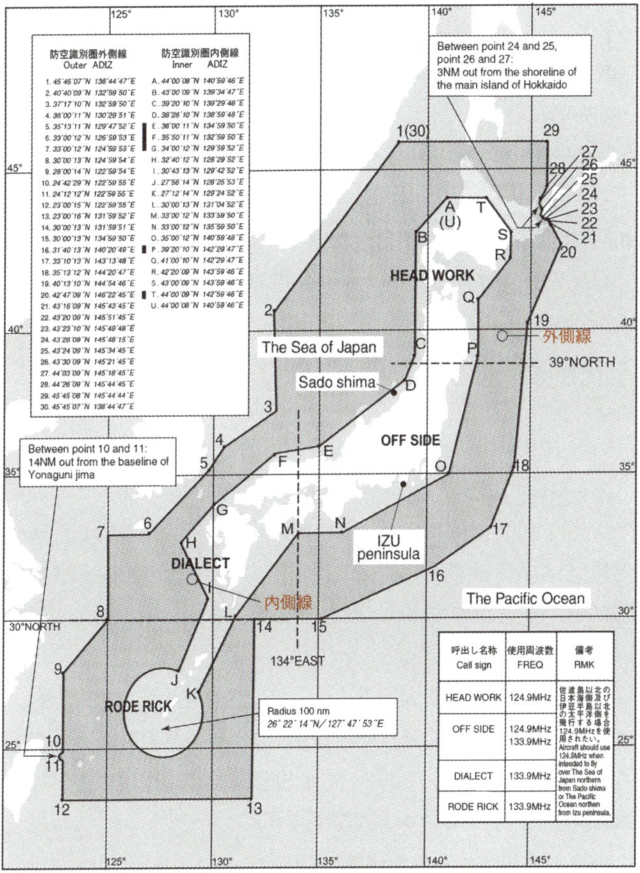

防空識別圏外側線 Outer ADIZ	防空識別圏内側線 Inner ADIZ
1. 45°45′07″N 138°44′47″E	A. 44°00′08″N 140°59′46″E
2. 40°40′09″N 132°58′50″E	B. 43°00′00″N 138°29′46″E
3. 37°17′10″N 132°59′50″E	C. 39°20′10″N 138°29′46″E
4. 36°00′11″N 130°29′51″E	D. 38°26′00″N 138°59′50″E
5. 35°13′11″N 129°47′52″E	E. 36°00′11″N 134°59′50″E
6. 33°00′12″N 125°59′53″E	F. 35°50′11″N 132°59′50″E
7. 33°00′12″N 124°59′53″E	G. 34°00′12″N 129°59′52″E
8. 30°00′13″N 124°59′54″E	H. 32°45′12″N 129°59′52″E
9. 28°00′14″N 131°59′55″E	I. 30°43′13″N 130°19′52″E
10. 24°42′29″N 122°59′55″E	J. 27°56′14″N 128°26′53″E
11. 23°00′15″N 122°59′55″E	K. 30°00′13″N 129°24′52″E
12. 23°00′15″N 133°59′55″E	L. 30°00′13″N 131°59′51″E
13. 24°30′15″N 131°59′51″E	M. 33°00′13″N 133°59′50″E
14. 30°00′13″N 134°59′50″E	N. 33°35′13″N 136°59′49″E
15. 30°00′13″N 134°59′50″E	O. 35°00′12″N 140°59′48″E
16. 31°40′13″N 139°22′48″E	P. 39°20′10″N 142°29′47″E
17. 33°10′13″N 143°13′48″E	Q. 41°00′10″N 142°59′46″E
18. 35°13′12″N 145°21′48″E	R. 42°20′09″N 143°59′46″E
19. 40°13′10″N 145°59′46″E	S. 43°20′09″N 144°59′46″E
20. 42°47′09″N 146°22′45″E	T. 44°00′09″N 140°59′46″E
21. 43°18′09″N 146°44′46″E	U. 44°00′08″N 140°59′46″E
22. 43°20′09″N 145°51′45″E	
23. 44°30′09″N 145°40′48″E	
24. 45°24′09″N 145°34′45″E	
25. 45°24′09″N 145°21′45″E	
26. 44°00′09″N 145°18′45″E	
27. 44°00′09″N 145°21′45″E	
28. 45°00′09″N 143°21′45″E	
29. 45°45′08″N 138°41′47″E	
30. 45°45′07″N 138°44′47″E	

Between point 24 and 25, point 26 and 27:
3NM out from the shoreline of the main island of Hokkaido

Between point 10 and 11:
14NM out from the baseline of Yonaguni jima

HEAD WORK
The Sea of Japan
Sado shima
OFF SIDE
IZU peninsula
DIALECT
The Pacific Ocean
RODE RICK
Radius 100 nm
26°22′14″N / 127°47′53″E
134°EAST
39°NORTH
30°NORTH
25°NORTH
外側線
内側線

呼出し名称 Call sign	使用周波数 FREQ	備考 RMK
HEAD WORK	124.9MHz	佐渡島以北の日本海側または伊豆半島以北の太平洋上を通過する場合、124.9MHzを使用されたい。Aircraft should use 124.9MHz when intended to fly over The Sea of Japan northern from Sado shima or The Pacific Ocean northern from Izu peninsula.
OFF SIDE	124.9MHz 133.9MHz	
DIALECT	133.9MHz	
RODE RICK	133.9MHz	

防空識別圏は、官民の全航空機に知らせる必要があるので、ICAOが定めた飛行情報出版物に掲載して全世界に知らせます

出典：AIP（国土交通省）

4-3 平時における戦闘機の「有視界飛行」訓練支援

平時の訓練では、戦闘機は回廊を通って訓練空域に向かい、敵味方に分かれて**格闘戦(ドッグファイト)訓練**や**要撃訓練**を行います。

戦闘機部隊が訓練空域の全面を使って、戦闘訓練を実践的かつ効率的に行う場合は、一度にかなりの多数機が離陸するので、多数機同時帰投の訓練にもなります。

●「有視界飛行方式(VFR)」とは?

有視界飛行は、パイロットが**有視界気象状態(VMC:Visual Meteorological Condition)** のときに、目で見て飛行する方法です。ICAOは、雲からの距離とパイロットが見通せる視程に条件を設けて、VFRで飛行してもよい気象状態を定めています。これがVMCです。

図4-3-1は、VMCの制限値を示したものです。ほとんどの戦闘機は高度3,000m(約9,843フィート)以上の高度で飛行して訓練空域に向かうので、視程が8,000m以上、雲から水平距離で1,500m、垂直距離で300m離れて飛行できる気象状態のときにVFRで飛行します。

戦闘機が訓練空域に最も速く達して、燃料ぎりぎりまで訓練し、回廊を通って効率的に帰投できる方法は、**有視界飛行方式(VFR: Visual Flight Rule)** で離陸して最短経路で訓練空域に達し、戦闘訓練をして有視界飛行方式で帰投することです。

VFRを多用する重要な理由は、もう一つあります。

それは、戦闘訓練をする訓練空域がVMCであることはもちろん

図4-3-1 有視界気象状態（VMC）で飛行できる条件

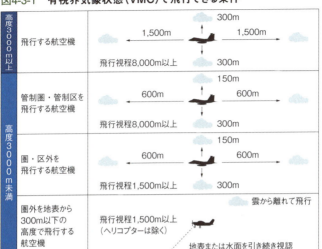

　のこと、その往復も**編隊**で飛行するためです。編隊とは、2機以上の航空機が、一定の間隔・隊形を保持して、集団で飛行することです。視界が悪いVMC以下の気象状態だと、編隊を組んだ戦闘機は、しばしば雲の中を飛行することになり、僚機が編隊長機を見失うことがあります。このような状態を避けるため、平時において管制方式基準では、編隊の中の間隔はパイロットの決定事項としつつも、編隊間のレーダー間隔などを規制しています。

　しかし、編隊飛行が可能な天気であれば、戦闘機は、相互の監視、火力の集中、防御の強化などの戦術的視点により、日ごろから訓練のため、ほとんどの場合、編隊を組んで飛行します。

　第一次世界大戦では、戦闘機の戦いは「1対1」が通常でしたが、1938年のスペイン内戦で、ドイツ空軍が考案した戦術が評価され、**2機1組の最小単位を基本とする隊形**が主流となりました。

第二次世界大戦では、編隊を組むことによって燃費が向上することもわかりました。

　編隊飛行は、戦闘機パイロットにとって必須の技能であり、養成段階で訓練が行われます。

●戦闘機のブレーキとバリアー（機体係留停止装置）

　通常、ジェット戦闘機にはエンジンの逆噴射装置（リバース・スラスト・システム）が付いていないので、着陸接地時に**制動板（ブレーキ板）**を胴体、または翼上に立てるか、胴体横に出すか、**ドラッグシュート（制動傘）**を開くか、または機体下部にフックを出してアレスティング・ギア（着陸制動装置）に引っかけるか、によって、接地時の初期の減速を行います。

　次に、併用するブレーキの効果を徐々に増していきます。

　なお、民間機の滑走路には設置されていませんが、戦闘機が離発着する滑走路には、高速（160ノット（約296km/h）前後）で接地後のブレーキ操作が、マニュアルどおりにいかない場合に備えて、**滑走路端にバリアー（機体係留停止装置）**が設置されています。

　管制塔の管制官は、制動板やドラッグシュートが通常どおり作動しているか、常に注意を払っています。

　万一、制動板が立たなかったり、制動傘が開かなかったような場合は、パイロットの「バリアーアップ」または「バリアーダウン」のいずれのコールにも対応できるように、スイッチ操作の準備をしています。

●ブレーキングアクションとは？

　通常、滑走距離が通常よりも延びても、「アンチスキッド（横滑り防止）付きブレーキ操作で、バリアーヒット前に停止できる」と

パイロットが判断したときは「バリアーダウン」をコールします。これによって、後続の戦闘機が着陸できなくなるのを防ぎます。これは**ブレーキングアクション（Braking Action）**とあわせて、戦闘機の管制官に課せられた特殊なオペレーションで、習熟しなければならない大事な手順です。

　ブレーキングアクションとは、滑走路面に雨、氷状の凍結、雪などがある場合、着地後の滑走時に摩擦係数が低下して滑りやすくなる状態をいいます。

　ブレーキングアクションの日本語表記は管制方式基準に定められていて、自衛隊機にも適用される用語です。

　ブレーキングアクションは、摩擦係数の値が大きい順に、

GOOD（良好：摩擦係数0.40以上）
MEDIUM TO GOOD（概ね良好：0.36〜0.39）
MEDIUM（やや不良：0.30〜0.35）
MEDIUM TO POOR（不良：0.26〜0.29）
POOR（極めて不良：0.20〜0.25）
VERY POOR（危険：0.20未満）

の6段階があります。

　戦闘機は、車輪の数が少ないうえ、旅客機のように逆噴射装置が付いていないので、滑走路の全面が凍結しているVERY POORの場合には、スポイラーも効かなくなることがあります。

　このようなときに重要となるのが、滑走路端に設けられているバリアーです。

　バリアーのアップ・ダウン（上げ・下げ）は管制官の仕事なので、寒冷地の戦闘機の飛行場に勤務する管制塔の管制官は、戦闘機

の着陸後の滑走状況とパイロットのコールに全神経を集中して注意し、的確に操作しなければなりません。通常、バリアーはアップにしてあるので、VERY POORの状態で戦闘機が滑走して滑走距離が延びても、管制官が滑走路エンドで確実に停止できると判断すれば、次に着離する編隊機のために、操作盤のスイッチを倒して、バリアーを地下にダウンします。パイロットに「バリアーダウン」の「コール」の暇がない場合もあるからです。そして、戦闘機編隊の誘導路進入と同時に、バリアーを再びアップにします。

最新の寒冷地の滑走路は、解氷装置などを取り付けて、一定以上の摩擦係数を保つように工夫されていますが、それでも自然の猛威に油断はできません。

● 「VFR（有視界飛行方式）」はなぜ効率的なのか？

ここで再び、航空管制の原点に返り、VFR（有視界飛行方式）で着陸する場合の効率を考えてみましょう。

着陸は、航空管制の規定である管制方式基準に、「着陸して滑走する先行機が誘導路に入り滑走路を開放すると同時に、後続機が着陸のために滑走路の進入端を通過する」という間隔で着陸することが決まっています。

通常、連続して戦闘機が着陸する場合の間隔は、滑走路と誘導路の位置関係にもよりますが、1分20秒〜1分40秒ぐらいです。この間隔は、VFR機もIFR（計器飛行方式）機も同じです。

違うのは、IFR機は通常、編隊を解いて1機ずつ管制されるのに対し、VFR機は2機以上の編隊で進入し、**360°オーバーヘッドアプローチ**の着陸方式（後述）により、6〜15秒間隔で着陸することです。

つまり、30機の2機編隊の戦闘機が同時に帰投した場合、IFR

方式で管制すると、最も効率よく管制しても全機が着陸するのに40分以上かかるのに対し、VFR方式では半分の20分で、全機の着陸が完了するということです。

平時でも演習などの場合は、国土交通大臣に一括して承認をもらい、先行機が滑走路に接地して全地上滑走距離の1/2～2/3の距離を過ぎたら、後続機に進入端の通過を認める短縮間隔を適用し、訓練する場合があります。

この方式だと、30機の着陸時間はさらに減少し、15分程度で全機が着陸し、燃料・訓練用ミサイルなどを補給するターンアラウンド・タイムを最小限にして再発進できます。

作戦に参加する部隊の全戦闘機が至短時間で発進・着陸することは、防空作戦において要求される最も大切な原則です。

ここで、有視界飛行による編隊着陸の実例を見てみましょう。

●有視界飛行による編隊着陸の実例

訓練を終えた有視界方式(VFR)の戦闘機(F-35ライトニングⅡ)2機のHaken Yellow編隊は、編隊長の合図で、一斉に飛行場のATIS(Automatic Terminal Information Service:飛行場情報自動放送サービス)にチャンネルを合わせます。ここで、飛行場の最新情報(その日のH番目の情報)を以下のように確認します。

着陸滑走路:18L
滑走路の状態(ブレーキングアクション):MEDIUM TO GOOD (概ね良好)
風向風速:Wind 190degrees, 8knots(風向190度、風速8ノット)
視程:Visibility 10Kilometers(視程10km)
飛行場の気圧(QNH):29.88Inches(29.88インチ)

ATISはデジタル信号でも放送するようになっています。パイロットが航法システムのパネルの「Return to Home Base」ボタンを押すと、ATISの放送内容がヘッドアップディスプレイ(Head Up Display)に表示されて、目視でパイロットが確認できます。このとき、高度計のアルティメーターセッティングが自動的に動いて「29.88インチ」をセットします。

これを確認した編隊長は、滑走路18Lに着陸するため、回廊を通って飛行場のVFR進入地域のNorth Funnel(図4-3-2)に向かいます。

18Lの滑走路に着陸するには、滑走路の表面状態もよく、おあつらえ向きのちょうどよい向かい風です。

編隊を組んだ戦闘機がミッションを終えて飛行場に着陸する場合に常用されるのが、図4-3-3に示した**360°オーバーヘッドアプローチ(360 OVER HEAD APPROACH)**です。

この方式は、戦闘機が編隊を組んだまま滑走路の方向に直上まで低空で飛行してきます。そこで編隊を解いて旋回降下するときに、1番機(編隊長機)と2番機に時間差をつくり、360°の旋回中に降下を完了して、最後に1機ずつ縦に並んで着陸する、という、戦闘機の性能を生かした着陸方法です。

飛行場にVFRで着陸する戦闘機編隊の進入経路を図4-3-3に示しました。

滑走路18Lに着陸するときは、North Funnelを通ってNorth IP(North Initial entry Point)から、対気速度250ノット(463km/h)で進入を開始し、Jet Initial(滑走路北端から4マイル(約7.4km)の地点、高度2,500フィート(762m))を経由して滑走路方向に向かいます。

滑走路北端上空(Break Point)で編隊を解き、編隊長(1番機)

図4-3-2 戦闘機のVFR着陸経路

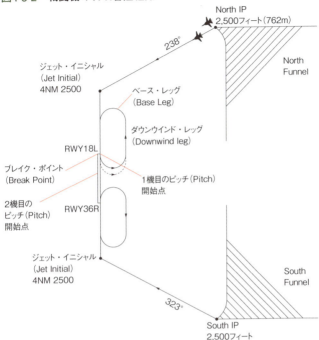

一般に、戦闘機がVFRで飛行場に着陸する経路は、滑走路の使用方向に対応して2カ所につくられます。この場合、経路に進入して滑走路の直上に達するまでの時間が同じになるように配慮されます

はその地点から左旋回（Pitchと呼んでいます）して、2,500フィートから徐々に高度を下げ、Downwind leg（ダウンウインド・レッグ）、Base leg（ベース・レッグ）を通って着陸します。

2番機は、Break Pointから6秒後に左旋回のPitchを開始し、1番機と同じ経路を通って徐々に降下し、着陸します。

この際、1番機は滑走路のレフトサイド（左側）を滑走し、2番機はライトサイド（右側）を滑走します。

●交信の状況を体験する

この様子を、パイロットと管制官のUHF（極超短波）通信機を通しての交信の状況で見てみましょう。

図4-3-3　360°オーバーヘッドアプローチ

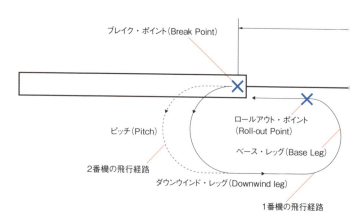

360°オーバーヘッドアプローチの進入・着陸経路は、運動性能のよい戦闘機が、編隊を解いて1機ずつ着陸するのに最も適した着陸方式です

第4章 戦闘機の飛行支援

パイロット

"Local Tower, Haken Yellow, North Funnel、we have Hotel."

「局地タワー、ハーケン イェロウ編隊、ノースファネルを飛行中、ATISのH番目を確認」

管制官

"Haken Yellow、Local Tower、report over North IP."

「ハーケン イェロウ編隊、こちらローカルタワー、ノースIPを通過したら報告せよ」

パイロット

"Haken Yellow、roger."

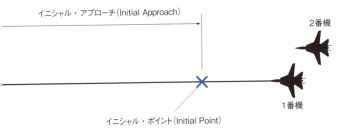

「ハーケン イェロウ、了解」

パイロット

"Haken Yellow, departing North IP."
「ハーケン イェロウ、ノースIPを出発」

管制官

"Haken Yellow, Local Tower, roger, report Initial."
「ハーケン イェロウ、ローカル タワー、了解、イニシャルを通過したら報告せよ」

パイロット

"Haken Yellow, roger."
「ハーケン イェロウ、了解」

パイロット

"Haken Yellow, Initial."
「ハーケン イェロウ、イニシャル通過」

管制官

"Local Tower, Roger, report Break."
「ローカル タワー、了解、ブレーク通過を報告せよ」

パイロット

"Haken Yellow, Break."
「ハーケン イェロウ、ブレーク通過」

ここで編隊は解かれて、1番機(編隊長機)は左旋回してピッチを行い、2番機はそのまま2,500フィートを保って6秒ほど進み、そこから左旋回してピッチを行います。

管制官
"Tower、roger、report Base."
「タワー、了解、ベース通過を報告せよ」

パイロット
"Haken Yellow Number one、Base."
「ハーケン イェロウ 1番機、ベース・レッグ通過」

パイロット
"Haken Yellow Number two、Base."
「ハーケン イェロウ 2番機、ベース・レッグ通過」

こうして、1番機と2番機はタッチダウンし、滑走して減速後、1番機、2番機の順に誘導路に入ります。

この交信のやりとりからわかるように、**管制官とパイロットとの電波発信を最小限にするための訓練**を、日ごろから行って慣れておくことが必要です。世界を見渡すと、情勢が緊迫した地域では電波管制を敷いて、サイレント発進・サイレント帰投を実施している国があります。

しかし、すでに説明したように、主要国のほとんどは頻繁に変化する暗号を用いた**デジタル通信**を、作戦時の通信手段としています。

4-4 予備の航空管制部隊をパッケージで準備する

　高い管制塔が建つ飛行場は、侵攻する側にとっては格好の目標です。また、多くの場合、日ごろの訓練に便利なように、航空管制に必要な対空通信施設、ASR（空港監視レーダー）、PAR（精測進入レーダー）、ASDE（空港面探知レーダー）なども、飛行場の滑走路脇に設置しています。

　作戦基地の中でも、中枢戦力の戦闘機が在駐する飛行場は、侵攻部隊の最初の目標となるので、飛行指揮所や戦闘機が掩体壕で守られているように、**航空管制施設も掩蔽が必要**です。

　しかし、管制塔やレーダー施設は、爆撃に耐えられる覆いを簡単にかぶせることはできません。

　ですから、これらが被害をこうむったときに、管制塔やレーダー施設の機能を有した航空管制部隊をパッケージで、予備手段として準備しておくことが肝要です。

　しかも、この施設は簡単に移動できるようにして、情勢の緊迫度に応じて複数、つくっておかなければなりません。

　そのためには、独立した運用部隊をつくって、平時から予備管制部隊のコールサインを決め、航空管制や移動・展開の訓練をしておかなければなりません。

　米空軍は第二次世界大戦中や朝鮮戦争時に、**移動ラプコン（RAPCON：Radar APproach CONtrol、レーダー進入管制所）**や**移動GCA（Ground Control Approach：精測レーダー管制施設）**を、本国から輸送機で運んで、南方戦線や韓国・日本の飛行場に展開し、戦闘機や戦闘爆撃機、B-29の発進・帰投などを支援しました。

第4章 戦闘機の飛行支援

一般的なラプコン。ラプコンとはレーダー進入管制所のことで、空港監視レーダー（ASR）と精測進入レーダー（PAR）を用いて、離陸機、着陸機に指示を出します。写真はエルスワース基地（サウスダコタ州）のラプコンです

写真：米空軍

ロッキード・マーチンの移動式ラプコンTPS-79　　　　　　　　　　　　　　写真：米空軍

こぼれ話 4

英語力がなくて犯した大失敗

　1951（昭和26）年、講和条約と同時に「日米安全保障条約」が結ばれ、米軍が引き続き、日本に駐留することになりました。私が航空管制の基礎試験（運輸省（現・国土交通省）が一元的に実施している）に合格し、1963（昭和38）年3月から最初の実務訓練を受けたのが、三沢基地（青森県）に駐留する米空軍の通信部隊でした。管制塔の下にあるラプコンと呼ばれるレーダー施設で、F-102、F-111、C-131などといった米空軍の戦闘機や輸送機を、精測レーダー（PAR）で誘導するのが最初の訓練でした。

　約半年かかって、ようやく米空軍のサティフィケート（席の技能証明）を取り、2カ月が過ぎた11月22日のことでした。地方視察中のジョン・F.ケネディ大統領がダラスで銃弾に倒れ、命を落とされたその日です。

　その日は、飛行場の上空一面に雲がたれこめていましたが、高度3,000フィート（約914m）までの視界は良好でした。F-102をPARで誘導していたところ、管制塔の管制官から伝声管を通して「ブレーク、大編隊が南から北に向かっている。□○×△□○×△」という指示がありました。

　「□○×△□○×△」は「弔い飛行の13機編隊」という内容で、聞き取りやすい発音の言葉でしたが、私はその意味がわかりませんでした。ラプコンの規則では通常、「ブレーク」と指示されたら「右に旋回、上昇させること」と決められているので、そのとおりに指示しました。

　その結果、弔い飛行の13機編隊の方向に向かって、F-102を旋回させることになり、13機が右旋回して、隊形をやや乱しながら、針路を大きく変更することになりました。このヘマを犯してから、それまでにとった資格は停止され、ダイアログ形式の英会話のレッスンが2カ月、続きました。

　このとき、英会話だけでなく、私の意識や内面が大いに成長したことを忘れることはできません。

　今後も先進技術の導入による日米共同訓練は深化していくので、**軍の礼式や、これにともなう軍事専門用語を身につけることは欠かせない**でしょう。

第5章
IFR（計器飛行方式）による進入と着陸の訓練

　有事には天候をうまく利用する有視界飛行方式（VFR）で飛行できるとは限りません。そこで、全天候を想定して、戦闘機の計器飛行方式（IFR）による帰投を訓練しておくことは必須の要件です。IFR での帰投では、効率的な帰投経路の配置と安全な経路の設定が不可欠です。

　第4世代以降の戦闘機はすべて、測位衛星を利用した全地球航法衛星システム（GNSS：Global Navigation Satellite System）と呼ばれる航法システムをもっていて、第一の航法手段として使用されています。

　この全地球航法衛星システムは、緯度経度で測位して地球上を飛行する方式で、正確に作成した地図に合わせて自由な場所・経路を飛行できるため、最も安全で効率的、かつ精密な飛行ができます。

5-1 IFRの戦闘機に対するターミナルレーダー管制所の管制

　今、訓練を終えて、天候が次第に悪化するなか、**IFR（計器飛行方式）**で帰投する**戦闘機**の例を見てみましょう。

　帰投する戦闘機は、回廊を通って、帰還飛行場の周辺空域を航空管制している**ターミナル空域**に進入します。

　ターミナル空域には、**管制塔**が航空管制を担当している、飛行場から半径9km（約5マイル）、高度3,000～6,000フィート（約914～1,829m）の**管制圏**と、さらにその周辺や上空を大きく取り囲む半径74～111km（40～60マイル）、高度15,000～20,000フィート（4,572～6,096m）の**進入管制区**があります。進入管制区は、**ターミナルレーダー管制所**がレーダー管制を行う空域です。

　ターミナルレーダー管制所は、航空路や回廊を通って飛行場に着陸しようとするIFRの到着機を、最初にレーダーで識別して管制塔に引き継ぐまで監視・誘導したり、管制塔から引き継いだIFRの出発機を航空路まで監視・誘導したりする管制施設です。

　GNSSを利用して飛行する航法は、**3-3**で述べたRNAV（広域航法）です。RNAVは、20世紀末まで幅を利かせた、地上の航行援助無線施設TACANの発する電波に乗って航行する航法とは違います。1カ所のTACANの電波が利用できない場所であっても、簡便な受信機を搭載してGNSSを利用して、地球上のどこであっても緯度経度を確認してその上空を飛行し、進入管制区に向かって航行できるものです。

● **「バトンタッチ」しながら管制する**

　米軍や日本の自衛隊が運営するターミナルレーダー管制所は、

第5章　IFR（計器飛行方式）による進入と着陸の訓練

前述したようにラプコン（RAPCON）と呼んでいます。ラプコンは、飛行場の中心部に、回転するアンテナを装備したターミナル空域監視レーダー装置（ASR）と、滑走路のタッチダウン付近に設置した精測レーダー装置（PAR）をもっています。

進入管制区に進入してきた帰投機をASRで最初に識別・監視する管制席を**入域管制席（Arrival Controller）**と呼んでいます。入域管制席のレーダースコープには、帰投機Haken Red 01については**3-6**の図3-6-2で示したように、帰投機（A）の位置、高度12,000フィート（約3,658m）、対地速度250ノット、後方乱気流は中程度（Medium）が表示されます。

入域管制官は、飛行場から半径20マイル（約37km）の地点まで監視・誘導して、**フィダー管制席（Feeder Controller）**に引き継ぎます。フィダー管制官は入域管制席から移管された航空機を、PAR装置を使って誘導する**ファイナル管制席（Final Controller）**に、滑走路の延長線上、滑走路端から10マイル（約18.5km）の地点で引き継ぎます。

ファイナル管制席のレーダースコープには、図3-6-1に示してあるように、滑走路の接地点（タッチダウン）まで誘導すべき水平経路（アジマス）と垂直経路（グライドパス）の2本の経路が表示されます。

ファイナル管制官は、この経路から外れたHaken Red 01に、

"Turn left 182, Ten (10) feet above glide path"

のように、適切な時間間隔で修正値（アジマス2°刻み、グライドパス10〜15フィート（約3〜4.6m）単位）を指示して、タッチダウンへと誘導します。

5-2 RNAV（GNSS）方式による管制

　第5世代の戦闘機の全天候における航法の主流は、前述したように、衛星を利用して飛行する**RNAV（GNSS）飛行**です。米国のGPS、ロシアのGLONASS、ヨーロッパのGALLILEOなどの測位衛星を総称してGNSS（Global Navigation Satellite System：全地球測位衛星システム）といい、これらを使って自機の位置を計測することをRNAV（GNSS）といいました。

　すでに解説したとおり、GPSの信号を補強した米国のWAAS（広域衛星航法補強システム）を利用して**RNAV（LPV）進入**を行う場合、レーダー監視は必要ありません。しかし、日本のMSAS（運輸多目的衛星用衛星航法補強システム）を利用するRNAV飛行では「電子基準点による補強数が少ない」などの理由により、レーダー監視をしてもLPV進入はできません。

　その理由は、米国では、RNAV進入に**RNP0.3**の航法精度で飛行できる進入経路が設定できるのに対して、日本では**RNP1**の進入経路しか設定できないからです。RNPとはRequired Navigation Performance（航法性能要件）の略です。「RNP1」とは、「経路の中心線から左右1マイルの範囲内に、その経路を飛行する航空機の95％が留まる性能」のことをいいます。

　したがって日本国内では、期待されている「みちびき」の効果が確認されるまでは、管制方式基準に規定される「PARによる誘導方式」以外は利用できません。

　図5-2-1は、RNAV航法で帰投する戦闘機を識別・監視する標準的な進入経路を示したものです。

　IAFは進入開始点（Initial Approach Fix）、**IF**は中間進入開始

点(Intermediate Fix)、**FAF**は最終進入開始点(Final Approach Fix)の略です。IFとFAFの間が5マイル以上離れている場合は、図のように戦闘機はIAF3、IAF1、IAF2のほぼ180°の方向から進入することができます。IAF2には、下方に展開する市街地への騒音を避けるため、340°以南から進入しないように進入方向の下限が設けられています。

図5-2-1 RNAV(LPV)進入経路

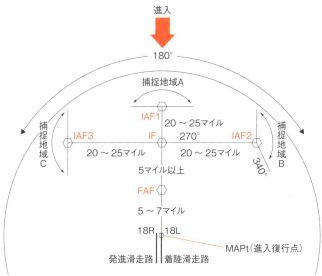

GPS衛星を利用して標準計器到着方式(STAR)を行うのがRNAV進入方式です。帰投機はGPS衛星の信号を捕捉して、3カ所(捕捉地域A～C)のいずれかの地域からIAFを通って、20,000フィート(約6,096m)前後の高度で、IFを経由して滑走路に向って進入・降下します。IFでは3,000～4,000フィート(約914～1,219m)まで降下します。FAFに達するまでに1,500フィート(約457m)に降下して、ここから2.5～3°の降下率で最終進入を行います。決心高度(DH)200フィート(約61m)まで降下して、進入灯または滑走路が見えたらタッチダウンポイントエリアで滑走路に接地します。見えないときは高度200フィートを保ったまま、MAPt(進入復行点)の地点まで進んで、この地点から上昇し、進入復行(進入のやり直し)を行います

フィックスとは、日本の計器進入方式で用いられる用語で、地表の目視、無線施設の利用、GPS、天測航法そのほかの方法によって得られる地理上の位置をいいます。米国やEUなどでは、RNAV（GNSS）飛行の地理上の地点を、WGS（世界測地系）84座標系の緯度経度で表すので、**ウェイポイント**（WP：WayPoint、経由点）と呼んでいます。ウェイポイントは日本のAIP（飛行情報出版物）にも記載されていますが、戦闘機の航法用データベースに格納され、パイロットによって変更できないようになっています。

　MAPtは**進入復行点**（Missed Approach Point）の略です。戦闘機が降下して決心高度に達してもパイロットが滑走路に着陸できない状態のときに、**進入復行**と呼ばれる「着陸のやり直し」を開始する地点です。

　平行滑走路を離着陸同時に使用する場合は、通常、どちらかを発進専用、どちらかを帰投専用として使用します。

　「Cleared to RNAV1 Approach」という入域管制官の指示によりIAFから進入開始を許可された戦闘機は、IAF1の直上を通過して、指定された6,000〜8,000フィート（約1,829〜2,438m）の高度へ降下しながら1Fへ向かいます。途中で戦闘機はフィダー管制席（経路管制席）の管制官と交信するように指示されます。戦闘機はフィダー管制官と交信した後、2,000〜3,000フィートに（約610〜914m）降下するよう指示されます。

　通常であればフィダー管制官は、戦闘機をFAFの手前2.5マイル（4,630m）の地点で、精測レーダー（PAR）でレーダー誘導するファイナル管制官に移管します。しかし「みちびき」が正規の運用を開始したときには、F-35ライトニングⅡ戦闘機は「PARによるレーダー誘導」のお世話にならず、「みちびき」によって補強されたGNSS信号を使ってLPV進入を行います。

第5章　IFR（計器飛行方式）による進入と着陸の訓練

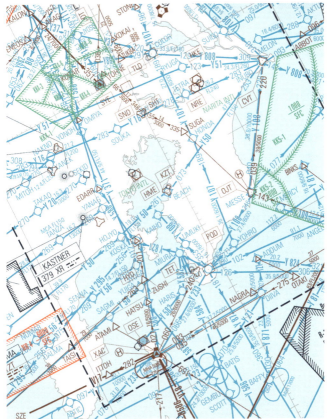

航空図（エンルートチャート）。ウェイポイントは航空図にも記載されています。ウェイポイントはアルファベット5文字で表すと決められており、なかには「MELON」「HONDA」「BEACH」など、ユニークな名前もあります

出典：AIP（国土交通省）

5-3 「PAR誘導」に代わる「LPV進入」

LPV（Lateral Precision with Vertical Guidance：水平・垂直方向精密進入）は、戦闘機が「降下したい」角度の経路からの逸脱情報を、水平と垂直方向の両方にわたって提供する、GPSとWAAS合作の情報提供システムです。第5世代と、改良された第4世代の米国の戦闘機は、**LPV200**に対応する受信機を搭載していて、精測レーダー（PAR）の誘導なしに、ILSカテゴリーⅠに相当する精密進入を行っています。

図5-3-1はPAR、ILS、LPV200、LNAVVNAVの進入できる決心高度（DH：Decision Height）と進入限界高度（MDH：Minimum Descent Height）を比較したものです。LNAVVNAVはLPVの初期の段階のもので、米国の最新の戦闘機はLPV200の受信機を搭載しています。WAASを経由してGPS信号を利用するLPV200と

図5-3-1　GPS(LPV)進入とILSの精度の比較

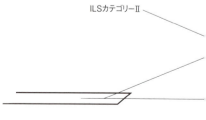

戦闘機が利用できるのはPARですが、PARによる誘導には空港監視レーダー、精測進入レーダーと、通信の大がかりな地上援助施設を必要とします。これに比べてLPVの利用では、搭載したGPS受信機だけで、戦闘機自身が降下・進入し、着陸ができます。LNAVVNAVはジャンボ機と呼ばれたB747-400などでも利用できる進入方式です

LNAVVNAV受信機は、信号の精度（Accuracy）が得られない場合、警報を発する仕組みになっています。その限界値は、LPV200が水平4.0m、垂直1.0～3.5m、LNAVVNAVが水平5.6m、垂直5.0mです。

● 「みちびき」で向上する飛行場の抗堪性

では、日本でF-35ライトニングⅡ戦闘機が「みちびき（QZSS）」を利用して、LPV200の最終進入をするにはどんな処置が必要かを考えてみましょう。

GPSでは測位位置（自機の位置）とNAVSTARとの間の距離を測って位置を計算します。戦闘機は、この基準となるNAVSTARの軌道情報を、発信時刻と一緒に航法メッセージ（50bps）で受け取っていますが、この軌道情報は正確でなければなりません。この軌道情報は30分ごとに更新されますが、その間にもNAVSTARは太陽や月の引力などの影響で軌道が変化し、数m程度

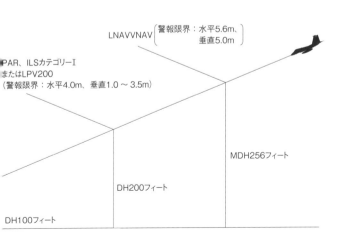

の誤差が残ります。

そこで「みちびき」には、準天頂軌道衛星の軌道情報を新規メッセージとして追加することが必要です。また、NAVSTARの電波は、真空中に比べて大気中だと毎秒30万kmよりわずかに遅くなり、電離層を通過するときに遅延を生じるので、これを補正するための補正用モデル化係数も航法メッセージに載せられています。これらを**QZSSの固有条件**と呼んでいます。

QZSSは、GPSと違う固有条件のほかは、GPSと同じものを使っています。QZSSの新規メッセージには前述のメッセージも載せられなければなりません。QZSSのL1(C/A)航法メッセージとL2航法メッセージはICAOのGPS基準(ICD-GPS2)に準拠し、L5航法メッセージはICAOの1S-GPS705に準拠して、可能な限りGPSと互換性を保てるように工夫されています。

航法メッセージのデータ速度は50bpsで、1サイクルは「フレーム」と呼ばれ、1,500bitです。1フレームは5つのサブフレームで構成されていて、それぞれ300bitのサイズをもち、送信には6秒かかります。フレームの中には、信号の完全性を示す警報機の区分や、異常の発生などを示すメッセージ(TLM、HOW、DATA)、発信する信号が何週目のものかを示すWEEKナンバー、信号の発信時刻(CLOCK)、信号の健康状態(SV HEALTH)、信号の精度(SV ACCURACY)などが含まれています。

QZSSに要求されるものとしては、固有条件のほか、MRJを開発している三菱航空機が2011年に公表した資料によると、LPV受信機のPRNコードへの対応、航法メッセージの①警報時間(NAVSTARに異常が発生してから航空機に警報を発するまでの時間)24秒を、ICAO基準で定められた警報時間に大幅短縮、②インテグリティ(誤った補強信号を送信しない確率99.99999％以上)

第5章 IFR（計器飛行方式）による進入と着陸の訓練

システムの改善、③メッセージの伝送容量（212bit）内での送信、などを指摘しています。

これらの問題をQZSSがクリアして、正規の運用を開始した暁には、F-35ライトニングⅡ戦闘機はRNAV（GNSS）を使って、精測レーダー（PAR）による誘導を受けなくとも、**自力でPAR並みの決心高度（200フィート）まで降下**できます。これにより、飛行場にある航空管制施設は、着陸の代替手段をもてるので、落雷などの被害を受けても抗堪性が増します。

最終進入経路を飛行中のF-35AライトニングⅡは、航法衛星「みちびき」からリニューアルされた固有条件と航法メッセージを受信し、精測レーダー（PAR）の誘導を受けずに、自立してLPV進入を行い、着陸します

提供（上イラスト）：内閣府宇宙開発戦略推進事務局
写真：航空自衛隊

5-4 気象急変に欠かせない「スペシャルVFR」

どんなに綿密な計画を立てても、戦闘機が訓練空域で訓練中に、発進・帰投飛行場の天候が急に悪くなることがあります。日常茶飯事といっても過言ではありません。

今日の気象機関の予報の精度は、衛星やコンピューターなどの使用により、以前とは比較できないほど向上していますが、それでも気象急変の事態を避けることはできません。

とくに、第4世代以降の戦闘機は、それまでの戦闘機の飛行時間が2時間程度だったのに対し、ほぼ倍の4時間に延びています。4時間後の天候の局地変化を、100％正確に予測することは困難なのが現状です。

要撃戦闘訓練の1フェーズは、一般に長距離に及びます。戦闘機は効率を重視して、飛行可能時間ぎりぎりまで訓練を実施するので、帰投に要する時間を十分に残していない場合があります。

このようなときに気象が急変すると、有視界飛行による短時間の着陸は困難になります。

この窮地を救ってくれるのが**特別有視界飛行方式** (Special Visual Flight Rules) です。通称、**スペシャルVFR**という飛行の方法です。

この特別有視界飛行は、ICAOや日本の航空法で決められた飛行方式で、VFRでは禁止されている計器気象状態 (IMC: Instrument Meteorological Condition) 下の飛行を、一定の条件のもとに認めるものです。その条件とは、「**たとえ飛行場がIMCであっても、常に雲から離れて飛行し、1,500m以上の飛行視程を確保して、地表または水面を引き続き視認できる状態で、**

第5章　IFR（計器飛行方式）による進入と着陸の訓練

管制圏を飛行する」ことです。

　気象状態が悪くなって、飛行場が完全に雲に覆われる前に、パイロットがすばやく雲の隙間を見つけてそこから降下し、地上を見つけたら見失わないようにしてスペシャルVFRで飛行し、滑走路に着陸します。これにより、多くの帰投機が**編隊を組んだまま短時間で着陸**できます。

　これにより、レーダー管制するラプコンのアライバル（入域管制席）管制官や精測レーダーの管制官は、スペシャルVFRで着陸できない、編隊を解いた残りの戦闘機を、残燃料の少ない機から余裕をもって誘導できます。

雲の隙間をぬって地表に出てきたF-15Eストライク・イーグルは、1,500m以上の視程を保って、飛行場に近づき、滑走路を見失わないようにして着陸します　　　　写真：米空軍

5-5 着陸不能時における ダイバート飛行

　天候の悪化があまりにも急激で、飛行場の気象状態が精測レーダー誘導による着陸限界の決心高度200フィート（約61m）より下がる場合（ランディングミニマを切った場合）は、ラプコンのPARでも誘導できないので、飛行指揮所の指揮官は、全機に対して訓練を中止して近傍のほかの飛行場に向かい、着陸するように指示します。これを**ダイバート（Divert）飛行**と呼びます。

　指揮官がこの判断を適切に行うには、気象予報官の的確な助言が欠かせませんが、たとえば千歳飛行場（北海道）がランディングミニマ以下の気象状態になった場合、戦闘機が着陸できる長さと設備を整えた滑走路がある飛行場は三沢飛行場（青森県）しかありません。

　千歳飛行場と三沢飛行場間の距離は約130マイル（約241km）あるので、VFRでダイバートする全機に、この距離を飛行して着陸する残燃料として、30〜50分間飛行する燃料がなくてはなりません。

　なお、この千歳飛行場と三沢飛行場間の飛行で、有視界飛行ができない場合は、札幌ACCの管制を受け、RNAV航法による最短経路の飛行で、三沢ラプコンに引き継いでもらうことになります。

　千歳飛行場は、冬期だけでなく、夏期も室蘭付近で発生した海霧が短時間で北上して滑走路を覆ってしまうので、指揮官の判断には猶予がないのが特徴です。同じような現象は、大陸と海洋に囲まれた中緯度の島国の特徴といってよく、「**ほぼ日本全土にある**」といっていいでしょう。

第5章 IFR（計器飛行方式）による進入と着陸の訓練

　このほかに、航空局の管制官や自衛隊の管制官が対応しなければならない状態としては、以下のようなものが挙げられます。

- 戦闘機を含む自衛隊機や在日米軍機が、台風、津波、噴火などを回避するエバキュエーション（退避）時の多数機の移動飛行
- 戦闘機の初期配備や特殊な状況下での日米共同演習などに参加する戦闘機などの飛行
- 飛行場で航空祭の展示飛行や航空ショーなどの行事が行われるときの曲技飛行（アクロバット）や編隊飛行

　これらが、共用飛行場で行われる場合、タワーの管制官は、民間機の定期便の離着陸に支障がないように心掛けています。

航空祭でのブルーインパルスによる曲技飛行。このような場合も、普段とは異なる周到な計画と準備をもとに航空管制が行われます

5-6 命を救うダイバースアプローチ

　8Gに耐えて作戦域から帰投する戦闘機の中には、無傷で帰ったとしても、パイロットが疲労困憊し、判断力がにぶっているものがいます。このような状況では、パイロットが飛行場の近傍に帰ってきた際、ラプコンを呼ぶだけで、あとはラプコンの管制官が識別して、左右旋回、進むべき磁方位、降下高度、切り替えるべき周波数などを指示してやることが望まれます。

　ダイバースアプローチ(Diverse approach) とは、最初に識別した位置から滑走路にタッチダウンするまでレーダーで誘導するか、最終進入部分をLPVで進入させてPAR誘導を行わないかのどちらかをいいます。多方面から帰投する進入機を、パイロットに負担がかかるフィックス、または経由点に集め、RNAVの標準到着経路(RNAV-STAR)を指示して進入させる方式はとりません。

　F-35ライトニングⅡはステルス機なので、一次レーダーの機影は管制官のレーダースコープ上に映りません。そのため、**管制官はF-35ライトニングⅡが搭載しているトランスポンダー(自動応答装置)から、二次レーダーの飛行情報を入手して管制**します。

　図5-6-1は、管制官が帰投機にB、A、Cの順にダイバースアプローチ方式でレーダー誘導を行い、滑走路まで管制する様子を示したものです。

　ダイバース誘導で、管制官の最もハイレベルな技術を必要とするのが、**先行機と後続機の間に、着陸時を考慮した安全なレーダー間隔を設定**することです。あらかじめ設計した複数のRNAV-STARの経路上に、先行機・後続機を振り分け、間隔を設定して誘導する方式に比べて、誘導途中で状況に応じて、先

第5章　IFR（計器飛行方式）による進入と着陸の訓練

図5-6-1　ダイバースアプローチ

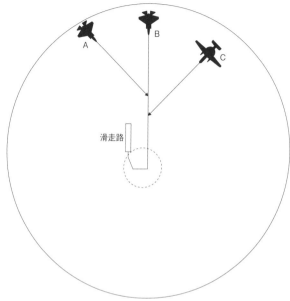

戦闘を終えた戦闘機は、飛行場から約100マイル（約185km）のラプコンのレーダー覆域に入るだけで、あとは管制官の指示にしたがって機体を動かせば、無事着陸できます。ダイバースアプローチはパイロットに負担のかからない管制方式です

行機・後続機間に間隔を設定しなければならないからです。後者の方式だと、後続機に大きい迂回経路を飛行させて間隔を設定しなければならない場合がしばしばです。

● **ダイバース誘導のイメージ**

今、帰投する作戦機の間に、大きな経路修正を行う場合を想定して、レーダーを搭載したターボプロップ機の早期警戒機E-2Cホークアイ（先行機B）と、ジェット戦闘機F-35ライトニングⅡ（後続機A）の2機の間に、間隔を設定する場合を考えてみましょう。

図5-6-2は、図5-6-1の進入経路の一部を切り取って拡大したものです。図5-6-2では、先行機Bに3つの遅延経路を飛行させる方式が示されています。

実線がF-35ライトニングⅡの飛行経路、点線がE-2Cホークアイの飛行経路を表します。先行機BのE-2Cホークアイが3つの経路のどれかを飛行する間に、F-35ライトニングⅡはE-2Cホークアイを追い越して先に滑走路に着陸します。3つの方式とは、

① トロンボーン方式
② ワイドベース方式
③ 360°旋回方式

です。図5-6-2を見ればわかるとおり、いちばん修正量が少ないときに用いるのがトロンボーン方式で、ワイドベース方式、360°旋回方式の順に修正量が大きくなります。

このように、ダイバース方式はパイロットが楽な代わりに、管制官に負担がかかる方式ですが、作戦時には着実に帰投機を着陸させて再戦力とする、**戦力保持に有効な支援方式**です。

第5章　IFR（計器飛行方式）による進入と着陸の訓練

図5-6-2　レーダー誘導の追い越し・遅延の方式

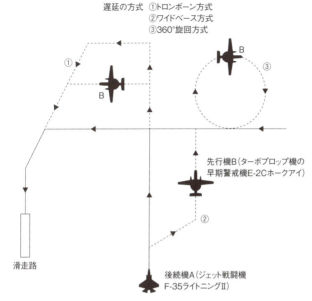

ジェット機のF-35ライトニングⅡ（後続機A）は、ターボプロップ機のE-2Cホークアイ（先行機B）を追い越して、先に滑走路に着陸します。このとき先行機のE-2Cを遅らせるのに3つの方式（経路）があります

航空自衛隊のE-2Cホークアイ。グアムのアンダーセン空軍基地で日米豪合同訓練「コープノース」に参加した際のもの　　　　　　　　　　　　　　　　　　　　　　　写真：米空軍

こぼれ話 5

気象急変で「航空管制の修羅場」をくぐる

　私の航空自衛隊での航空管制官の始まりは、1964(昭和39)年の千歳基地(北海道)です。冷戦の最中にあった千歳基地には、F-104J戦闘機の2個飛行隊と、増強されたF-86D戦闘機の1個飛行隊が常駐し、毎日、激しく訓練していました。その日は真冬でしたが比較的穏やかな天候で、午前に上番(管制席に座ること)してアプローチ(到着)席についていた私は、ボーイング727やCV880などの民間機を連続して誘導し、民間機の切れ目にほっと一息ついていました。そのときです。天候が急変して、訓練中の全機に突然「コールオフ(帰投命令)」がかかり、360°の方向からジェット戦闘機が大挙して一斉に千歳飛行場の2本の平行滑走路に向かって帰投してきました。その日に離陸している訓練機の数はわかっていたので、一瞬、私の頭をよぎったのは、「これだけのジェット戦闘機が一挙に殺到しては、残燃料の少ない機は着陸できないかもしれない」ということでした。

　IFRルーム内の天候表示板を見ると、まだ千歳上空は一面に雲で覆われた状態にはなっていないので、私はとっさにUHFの緊急周波数のスイッチを倒して、日本語で「千歳飛行場に帰投中の全機に告げます。現時刻から全機に特別有視界飛行を許可するので、可能な機はそれによって着陸してください」と2回ほど繰り返し送信しました。私は努めて冷静に、千歳滑走路から北方20マイル(約37km)の上空に18機を38,000フィート(約11,582m)まで積み上げて待機させました。最後の機が滑走路に接地するには、少なくとも30分の残燃料が必要です。私はすかさず、「日本語で申し上げます。最後尾が進入を開始するまでに最低20分が必要です。残燃料の少ない機は申し出てください」と放送しました。

　すると、2機が「LOW FUEL(低残燃料)」と伝えてきました。私はその機をレーダー識別し、他機と離した後、降下させて、フィダー席にバトンタッチしました。最後のF-86Dが着陸したのは、コールオフがかかってから40分後でした。「滑走路から誘導路に入った途端に、**燃料計がゼロを指したのを確認したF-104Jのパイロットがいた**」とのことでした。

第6章
航空母艦の航空管制

　航空管制の中でも特異な飛行支援を行うのが**航空母艦**（空母）の離着陸です。空母への離着陸は、地上の静止した滑走路ではなく「動く滑走路」への離着陸となります。また、艦の進行方向とはやや異なった角度で進入する必要があるなど、パイロットには高度な技術が求められます。

　そこで、空母には悪天候時に計器飛行方式（IFR）でパイロットを支援するシステムが搭載されています。ここではその様子を再現し、空母ならではの航空管制の特徴を見てみましょう。

　また、無人機の着艦に欠かせない**地上型衛星航法補強システム**（GBAS：Grand Based Augmentation System）についても紹介します。

6-1 「動く滑走路」への着艦

　最新技術が目白押しの時代になっても、空母への着艦には、パイロットの「最高の技術」が欠かせないといわれていますが、これを少しでも容易に、安全にしようと、さまざまな工夫が試みられています。

　着艦が難しい最大の理由は、**着陸する滑走路に相当する空母の甲板が、波浪で常に上下、左右に動いているからです**。台風の近くを航海するときなどは、波浪が高く、うねりに応じて甲板は相当な動きをともないます。

　この状況を知るため、まず、米太平洋艦隊に所属する大型原子力空母の「エイブラハム・リンカーン」に、有視界飛行で発着艦する第4世代の戦闘機F/A-18E(スーパー・ホーネット)の様子を見てみましょう。

●発艦
①パイロットは空母の格納庫でF/A-18Eの機体に搭乗します。
②機体はエレベーターで甲板に移動します。
③パイロットはブレーキを外し、スロットルを開けて、ゆっくりとカタパルトまで移動します。
④カタパルトに乗ったら機体を静止します。ヘッドアップディスプレイ(HUD)を見ながらスイッチを操作すると、前輪がカタパルトに捕捉されて、ブレーキがかかります。
⑤キーを押してフラップを1段階下げます。
⑥下がり終わったら、エンジンのスロットルを全開にします。
⑦機首が下がり始めたら、ブレーキを外します。

第6章 航空母艦の航空管制

ニミッツ級の米海軍原子力空母「エイブラハム・リンカーン」。艦載機としてF/A-18E/Fなどを搭載しています
写真：米海軍

南シナ海で、ニミッツ級の米海軍原子力空母「カール・ビンソン」から発艦するF/A-18E
写真：米海軍

⑧機は加速して甲板を飛び出します。このときの速度は155ノット（約287km/h）です。

⑨甲板を飛び出した途端、機体は少し下がります。

⑩ギアーをしまって上昇角10°程度を保ち、6,000フィート（約1,830m）ぐらいまで上昇します。

⑪6,000フィート（約1,829m）に達したら、空母に着艦するため、右（左）に旋回して、空母を右（左）に見ながら、空母の後方に回り込みます。

●着艦

①空母の後方に見える白い線（天候が悪いときや夜間はミートボールと呼ばれるランプ）が正面から近づくように操縦しながら、高度3,000～4,000フィート（約914～1,219m）を維持して水平飛行します。

②ヘッドアップディスプレイ（HUD）にタッチすると、緑色の四角形の枠と赤字の数字が現れます。

③この四角の枠の中心に空母の着艦用甲板を捉えるように機体を操縦します。

④スピードは目標値200ノット（約370km/h）以下なので、エア・ブレーキをかけながら調節します。

⑤空母を正面に捉えたら、1,300フィート（約396m）に降下してギアーを降ろし、続いて着艦フックを降ろします。

⑥全部降りて、緑のランプがついたら、次はフラップを全開にします。スピードがぐんと落ちて170ノット（約315km/h）ぐらいになります。

⑦機体は空母の後方から5マイル（約9.3km）くらいの位置に近づいていて、いよいよ進入角2.5～3°で降下開始です。

第6章 航空母艦の航空管制

⑧操縦桿の操作とスロットルの調節によって機体の傾きを修正し、進入角を維持します。角度が大きすぎると甲板に突き刺さり、小さいと高度が下がりすぎて後部甲板の下に激突します。
⑨甲板が近づいてきます。うまく着艦すると機体がワイヤーに引っかかり、ガクンと止まって、その後、少しバックします。
⑩HUDの画面に「着艦フックが外れました」と表示されます。
⑪これで終了ですが、再び発艦するときは、カタパルトの位置まで機体を移動させて、同じことを繰り返します。

このパイロットの操縦操作を、全天候で航空管制がどのように支援するかを次から見てみましょう。

ニミッツ級の米海軍原子力空母「ハリー・S.トルーマン」に着艦するF/A-18E　写真：米海軍

6-2 全天候における航空管制による支援

　天候が良くても悪くても空母に着艦する戦闘機を、航空管制がIFRで支援するシステムは、次のようになっています。

　空母は、艦内の中枢にある**空母航空戦術管制センター（CATCC：Carrier Air Tactical Control Center）**が、航空機の発艦から作戦行動、着艦まで、すべての業務を行っています。CATCCは、あらかじめ計画した空域に待機空域を設けて、作戦行動を行います。

　F/A-18EはWAASで補強されたGPS信号を捕捉して、位置、方向、進路を地図上で確認して飛行するので、待機空域は緯度経度で指定されます。空母の戦闘機F/A-18-E（呼出符号：TAG02）は、発艦して作戦空域に向かい、作戦行動を終えて、この待機空域に戻ってきます。空母の艦上戦闘機は、全天候の航法として、以下の二つの方法を用います。

全天候の航法①

　RNAV飛行で待機空域に戻ってきたら、RNAV進入方式に従い母艦に向かってアプローチを開始。その後、IF（中間フィックス）を通過したのち、WAASと電子基準点を利用したLPV航法で母艦に向かって進入。パイロットが母艦を視界に捉えたところで光学システムに切り替えて進入を継続する。

全天候の航法②

　レーダー監視のもとにRNAV方式でアプローチを開始。IFを通過したら、PAR（精測進入レーダー）で誘導する管制官にハンドオ

フされ、パイロットが光学進入システムまたは母艦を視認するまで精測レーダーで降下誘導を行う。以後、パイロットがヘッドアップディスプレイ(HVD)に写る光学システムで接近し、甲板にタッチダウンする。

●待機空域で待機後、順次進入させる

ここでは図6-2-1に示したように、全天候の航法②の進入方式で着艦するところを見てみましょう。

TAG02のパイロットは、暗号化されたデジタルリンク通信で、艦の緯度経度、待機基底点(ROMEO：ロメオ)の緯度経度、局地視程、局地大気圧、局地風向風速などを確認しています。

ピックアップ管制官 (Pick Up Controller) は、TAG01が高度6,000フィート(1,829m)を離脱して進入を開始した直後なので、TAG02に、

> #### ●ピックアップ管制官
> "Hold at ROMEO 6000, EAC※1301"
> 「経由点ロメオ、高度6,000フィートで待機せよ。進入開始許可発出予定時刻は、局地時間13時01分」
> ※Expect Approach Clearance

と指示します。待機空域に進入したTAG02は、速度を250ノットにして、経由点ロメオで高度6,000フィートを維持し、旋回と直線飛行を繰り返しながら待機します。

ピックアップ管制官は、'TAG03機を高度7,000フィート、EAC1302' 'TAG04機を高度8,000フィート、EAC1303'というように、上方に1,000フィートずつの間隔で積み上げていきます。

図6-2-1　空母の全天候進入・着陸システム

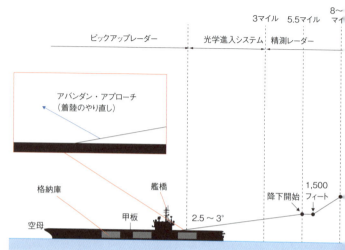

空母のピックアップ管制官は、決められた高度で待機空域を飛行する艦載機にアプローチを指示します。空母から8〜10マイル（約14.8〜18.5km）に近づいたところで1,500フィート（約457m）に降下させ、ファイナル管制官にバトンタッチします。ファイナル管制官は艦載機が5.5マイル（約10.2km）まで近づいたら、甲板に接地するまでグライドパス3°の降下を指示します。空母から3マイル（約5.6km）にまで近づいたらパイロットの光学進入システムによる目視進入に任せて誘導を終えます

米海軍の原子力空母「ジョージ・H. W. ブッシュ」（CVN 77）に着艦する直前のF/A-18。このタイミングでは光学進入システムによる目視で着艦している
写真：米海軍

第6章 航空母艦の航空管制

ピックアップレーダー

8,000フィート
7,000フィート
6,000フィート
000フィート
基底点(ROMEO)

なお、EAC（進入開始許可発出予定時刻）は、次に進入許可が発出されることを前提としているので、作戦時にはEAT（進入開始予定時刻）を与えて、時刻がきたら戦闘機が自動的に進入を開始する仕組みを採用しています。ただしこの方法は、進入途中で機体にトラブルが発生したとき、後続機の対応が困難になるので、訓練時は多くの場合、用いません。

　全パイロットが承知している**待機（ホールディング）要領**は、緯度経度で示された待機基点と空母とを結ぶ線上を、待機基点に向かって1分、待機基点に達したら右旋回して3°／秒の旋回率で1分、待機基点から空母と反対方向に向かって1分、右旋回して1分飛行して元のコースに戻る飛行をすることで、ちょうど指示されたEACの時刻に経由点ロメオを出発できるよう、経路の途中からショートカットしてロメオに戻ります。

　この通常の待機（ホールディング）では、1周するのに4分かかるので、空母の作戦目的によっては、待機経路を半分の2分に短縮するか、または待機空域を2カ所以上つくって、交互に進入させる方法を採用する場合もあります。

　作戦時の甲板員の収容作業は、天候の良いときで着艦機を37秒間隔で収容でき、全天候下でも、発艦機と着艦機を同時に1分間隔で発進・収容できます。ピックアップ管制官が、EACを1分間隔にしているのは、この収容時間を考慮しているためです。

　艦には40機程度が搭載されているので、作戦時は管制官と甲板員の連携がうまくいけば、速いときは全機を24分40秒で収容できます。

●ピックアップ管制官からファイナル管制官へ管制移管

　ピックアップ管制官は、航空管制参謀の指示で、この待機空域

第6章 航空母艦の航空管制

に戻ってきた航空機の中で、残燃料の少ない航空機から順に空母にレーダーで誘導します。

このときの誘導は、固定化されたRNAV-STARなどは設定されていないので、あくまでも帰還機をASR (Airport Surveillance Radar) で識別して、待機空域から空母への**レーダー・ベクター (Radar Vector)** によって行います。レーダー・ベクターとは、レーダーで識別した航空機に、誘導する目標地点、旋回方向、機首の磁方位、維持高度を指示して誘導することをいいます。

火器管制装置を積むなどしている艦上戦闘機は、F/A-18Eに限らず、一般に機内のスペースの制約によりILS受信機を搭載していません。そのため、レーダーで誘導される場合を除いて、レーザージャイロとGPS受信機で飛行します。

局地時刻1301に待機空域から進入を許可されたTAG02は、レーダー・ベクターを受けて2,000フィート (約610m) に降下し、高度を維持して空母に向かう**降下経路**に近づいていきます。

ピックアップ管制官はTAG02にRNAV進入許可を発すると同時に、TAG03に高度6,000フィートに、TAG04に高度7,000フィートに降下するように指示します。

空母から8〜10 (約14.8〜18.5km) マイルにTAG02が近づいたところで、ピックアップ管制官は1,500フィート (約457m) に降下させ、精測レーダー (PAR) で水平・垂直の精密誘導を行う**ファイナル管制官**にバトンタッチ (管制移管) します。ファイナル管制官は、PARの指示器上で、TAG02が降下経路に近づくのを確認して、

● ファイナル管制官

"Approaching glide path, gear should be down and locked"

「降下経路に近づいています。脚が降りているかを確認してください」

と指示します。続いてTAG02が、空母から5.5マイル（約10.2km）の経由点に達したのを確認して、

● **ファイナル管制官**
"Commence Descent"
「降下を開始してください」

と指示します。ファイナル管制官は、精測レーダースコープ上のTAG02の機影が、空母の甲板上にマーキングされたタッチダウンポイント（T/D）から引かれた水平線（平面図）と3°の降下経路線（垂直図）の直上にあるときは、

● **ファイナル管制官**
"On Course, on glide path"
「コース上です。グライドパス上です」

とUHF無線電話で伝えます。機体が線上から外れているときは、

● **ファイナル管制官**
"Right (left) of course, above (bellow) glide path"
「コースから右（左）にずれています。グライドパスより上（下）です」

と伝えます。TAG02が空母から3マイル（約5.6km）の地点に近づ

第6章 航空母艦の航空管制

いたところで、パイロットが空母の光学進入システムを捕捉し、艦尾を視認すると、パイロットは、

● パイロット
"In sight"
「目視した」

とファイナル管制官に伝えます。管制官は、以降のTAG02の降下をパイロットの目視進入に任せ、レーダー監視に切り替えて誘導を中断します。

● 艦に対して「斜め」に降りる難しさ

パイロットは、空母を視界の中に収めた時点で「ボール」と呼ばれる空母の**光学着艦システム**を利用し、システムから送られる進入角が「適正か否か」の光学指示によってグライドパスを降下し、艦橋のタワー航空管制官の指示で着艦します。ここでいう光学着艦システムとは、空軍パイロットや民間機のパイロットが使う、動かない滑走路に設置された進入角指示灯とは異なり、**動く滑走路（甲板）と機体との相対位置を考慮した進入角の適正値を示す光学システム**です。

戦闘艦橋、航海艦橋の隣にいる航空管制艦橋の管制官は、管制塔（タワー）の管制官と同じで、発艦・着艦の許可と同時に、風の方位や強さを助言します。

空母が搭載機の発艦・着艦を行う場合は、合成風速を稼ぐために、風上に向かって全速航行します。これからわかるように、空母は一つところに留まっていないうえに、着艦のために使うエリアは**アングルド・デッキ（Angled Deck）**といって、艦の首尾

ニミッツ級の米海軍原子力空母「セオドア・ルーズベルト」を正面から見たところです。向かって右側が着艦に使うエリアで、このような甲板をアングルド・デッキといいます。艦の進行方向ではなく、斜め左に向かって着艦しなければならないので、高度な技量が求められます　写真：米空軍

着艦に使うエリア

第6章 航空母艦の航空管制

線方向と一致した向きになっていません。6〜10°左を向いています。航空機が空母に降りるときには、斜めに向いた着艦エリアが前方に向けて移動しているところを、追いかけながら進入しなければなりません。

そこで、この難しい着艦を支援するため、空母の艦尾にLSO (Landing Signal Officer：着陸助言幹部) がいて、進入する機を見ながら、無線で左右・高低・姿勢を指示します。「そのまま着陸させては危険」とLSOが判断したときは、

● LSO
"Abandon landing"
「着陸をやり直せ」

と指示し、機は甲板上を上昇しながらピックアップ管制官と交信します。

ニミッツ級の米海軍原子力空母「ハリー・S.トルーマン」に着艦直前のF/A-18Cと通信するLSO　写真：米海軍

6-3 衛星を使った精密進入システム「GBAS」

　前述したように、艦上戦闘機は火器管制装置などの搭載によってスペースの制限を受け、ILSの受信装置を搭載していません。

　そこで、空母の着艦を円滑にするために、「ILSの代わりにGPSを利用できないか？」という発想が生まれました。

　すでに説明したように、米国では民・軍ともに電子基準点を増やしてWAASの位置精度を向上させ、ILSや精測レーダー(PAR)を使わず、LPVという**GPSによる最終精密進入**を行っています。

　LPVを行うためには、GPS、DGPS(補強)情報を提供する航法衛星インマルサット、飛行する戦闘機の近くの電子基準点が必要です。インマルサットは、12基が全世界に配置されていて、全世界の洋上に展開する海軍の空母は、どの海域でも利用可能です。電子基準点も、全世界に展開する米軍基地や軍事情報衛星などを使って入手しているので問題ありません。

　しかし、空母ではLPVを設定する滑走路(甲板)のタッチダウンが動くので、進入角2.5～3°を静止滑走路のように維持するのが困難です。そこで開発されているのが、**GBAS (Grand-Based Augmentation System：地上型衛星航法補強システム)** という発想にもとづく**精密進入システム**です。

●「無人機の着艦には不可欠」として米海軍が研究中

　GBASの代表的なものは、米海軍とレイセオン社が開発中の、艦と戦闘機の機体の双方にGPS受信機を取り付けた**JPALS (Joint Precision Approach and Landing System：統合精密進入・着陸システム)** という装置です。

第6章 航空母艦の航空管制

　艦と戦闘機の機体の双方にGPS受信機を取り付け、航行する空母の近くにある電子基準点から補強情報を取得し、刻々と変化する緯度経度の水平位置と高度の3次元の相対位置を、高い精度で把握して、航空機に修正指示や進入指示を与えようというものです。艦と機体は、UHFの無線データリンクで結び、自動的に相方の相対位置を計算します。

　この技術は、米海軍だけでなく、空母を所有する英国やフランスなどでも採用され、さらには米空軍や米陸軍、民間にも開放されています。

　2003年、米連邦航空局（FAA）は、GBASの誤差が太陽活動の影響を受けて大きくなるのを発見し、以後、研究段階に格下げして開発を継続しています。海軍は開発が難航して、コストが上昇していますが、「緊急の課題である無人機を空母に降ろすにはJPALSが必要」として開発を継続しています。

2014年8月、大西洋上の空母「セオドア・ルーズベルト」に着艦するテストを行う無人機「X-47B」
写真：米海軍

こぼれ話 6

多くの犠牲の上に築かれている今日の空の安全

　1970(昭和45)年6月30日のことでした。岩手県雫石上空で、全日空B727と訓練中の自衛隊機F-86Fが接触し、乗員・乗客が全員(162名)死亡するという、日本航空史上、最大規模の事故がありました。

　事故直後のさまざまな状況から、ようやく落ち着きを取り戻すと、民間機が飛行する空域と自衛隊機が訓練する空域を分離しようという機運が高まりました。**二度と同じような事故を起こさないために、制度上の安全対策を急がねばなりませんでした。**

　私が六本木の防衛庁(当時)の航空幕僚監部に呼ばれたのは、このときでした。新参者の私にとって、報道記者の質問を想定して準備することが、どれだけ知識や考え方の向上に役立ったか計りしれません。私の仕事は、防衛庁の文官と運輸省(当時)航空局の方々との協議で生まれた宿題を1カ月後、1週間後、または翌日までに完成することでした。

　防衛訓練に必要な訓練空域が欲しい防衛庁と、民間機の安全運航に資する、将来を見越した空域を確保したい運輸省の計画との調整をどこでつけるかが課題でした。土日も六本木の勤務場所に泊まり込む日が何日も続きました。犠牲者の方々のことを思えば当然のことです。

　日本の国情に合った解決策を見つけるために、航空幕僚監部は私を含めて米国・ヨーロッパに調査団を派遣しました。両省庁の協議は、内閣官房、航空局、防衛庁の方々の早期妥結を目指す努力によって、内閣総理大臣を長とする「中央交通対策安全会議」で「航空交通安全緊急対策要綱」が決まり、民間機が飛行する空域と自衛隊機の訓練空域との制度的分離が確定しました。これによって空自の戦闘機は、主として洋上に設定された訓練空域で訓練することになりました。

　多くの人々の、かけがえのない尊い命の犠牲の上に、安全な訓練ができていることに改めて思いを致すばかりです。

第7章
緊急機の管制

　戦闘機の航空管制に携わる者が、技術指令書（TO：Technical Order）やパイロットの手順書などを理解し、訓練して精通しておかなければならないのが、**緊急機の管制**です。現代の戦闘機は、信頼性が高いものではありますが、性能を限界まで発揮して訓練を実施するので常に故障と隣り合わせです。そこで飛行場と管制官は、そんな緊急時に備えてさまざまな準備をしています。

　また、エンジン停止という最悪の事態が発生しても帰投できるよう、パイロットは特別な着陸方法を身につけています。強い横風時やドラッグシュート使用時の注意点についても解説します。

7-1 戦闘機は常に危険と隣あわせ

　第3世代以降の戦闘機は、それまでの故障の原因を徹底的に究明して開発・製造された結果、第1世代や第2世代の戦闘機に比べて、格段に故障が少なくなったといわれています。

　反面、戦闘機が飛行する苛酷な条件のレベルが高くなったこと

第7章 緊急機の管制

による危険性が増したともいわれています。

　戦闘機は、機体の重さの8〜9倍の力（8〜9G）が加わるミリタリー速度での格闘戦や、マッハ1.2〜1.6の超音速で機体に衝撃波の風圧を受ける要撃戦闘訓練など、**性能限界を追求する訓練を通常のこととして実施**しているので、故障を生む危険の多さは、現在でも避けられません。そして故障が発生すれば、それは緊急事態の「引き金」となりうるのです。

飛行教導群のF-15DJイーグル。ドッグファイト（格闘戦）の訓練では、強大なGなどの大きな負担がパイロットにのしかかる

7-2 緊急事態発生時の管制の役割

緊急事態とは、そのまま放置すれば重大な事故に発展しかねない危険な状態をいいます。緊急事態発生時は、組織内だけで対処できず、部外機関の応援をこう場合も多いので、飛行場ごとに関係官署と**協定書**を結び、実行しています。

一般に協定書には、場内救難(飛行場内の救難)と場外救難(飛行場外の救難)の2通りが明記されています。

一般的に戦闘機は、民間機のように予備装置をもっていないので、緊急事態が発生する可能性も高く、また、緊急時に必ず正常な状態で飛行場に着陸できるとは限りません。

緊急事態発生時の交通整理は、緊急機の飛行を優先させるための特別の配慮が必要です。これを手際よく行うのが、管制塔やターミナルレーダー管制所の管制官です。

緊急事態にあるパイロットが、いつでも「MAYDAY, MAYDAY, MAYDAY」を発信、または宣言できるとは限らないので、必要と判断したときは管制官が**緊急周波数(Guard Channel、243.0MHz)** で緊急事態を宣言し、周辺を飛行している他機に知らせ、緊急機の着陸を優先させて、他機の空中での待機などを指示し、飛行順序と離着陸順序を整えます。

状況に応じて管制官が緊急機の状態と救難区分を伝えることによって、人命救助にかかわる消防車、レッカー車、化学車、救急車、先導車などが、サイレンを鳴らしながら自動的に急行し、滑走路を挟んでそれぞれの部署につきます。

緊急機が無事に着陸したら、すみやかに緊急事態を解き、正常な状態に戻して、待機していた他機を着陸または離陸させます。

第7章 緊急機の管制

緊急事態の内容を確認した消防車は、滑走路の進入端から最適な距離の滑走路脇に移動して、緊急機の着陸に備えます

緊急事態を確認した救急車は、パイロットの万一の負傷に備えて、最適な位置で待機します

7-3 緊急事態発生と対処

　緊急事態は、パイロットまたは管制官が「緊急事態」を宣言してから支援活動が始まりますが、その暇がないときは、**対処の緊急性を放送、または管制周波数で説明**します。

　最近の管制官が経験する戦闘機の緊急状態では、第1～2世代の戦闘機のように、ただちに事故に発展する事態は少なくなっています。それは、危険を早期に発見して警告する安全システムが、戦闘機のエンジン、操縦、電気、油圧、空調、機体、センサー、計器、情報などの系統別に組み込まれており、大事に至る前にパイロットに警報シグナルを発して知らせるようになっているからです。

　たとえばF-35ライトニングⅡには、故障予測・診断管理システムを備えていて、システムを綿密に監視し、予防的警告を発するようになっています。

　それでも、戦闘機の危険な状態が根絶されたわけではありません。緊急事態を頻発度の大きい順に挙げてみると、次のようなものがあります。

- **タイヤのパンク**：着陸の接地時に多く、破片を除去するまで滑走路の閉鎖などをもたらします。
- **組み込まれている安全システムの作動による危険の警報**：目または耳でこれを確認したパイロットは通常、緊急事態を宣言して、早期着陸を試みます。
- **操縦席の計器類の故障**：安全システムは計器だけが故障した場合でも警報を発するので、パイロットは同様の措置をとります。

- **操縦席内のスモーキング**：配線の障害などで操縦席内に煙が充満しつつある状態で、一刻も早い着陸が望まれます。
- **残燃料の不足 (Low Fuel)**：通常、戦闘機は、内規により決まった燃料（計器進入方式を完全に1回できる燃料 + a など）を残して帰投しなければなりませんが、訓練内容、交通状況、気象などの影響により帰投段階で規定の残燃料が不足し、警報音が鳴る場合があります。

このような状態になった場合、パイロットは、天気が良ければ時間短縮のため、緊急事態を宣言すると同時にIFRをキャンセル（取り消し）してVFRで着陸するか、緊急事態を宣言して、管制官に直線進入やレーダー・ベクターなどの、できるだけ短い時間で着陸できる方式を要求します。

管制官は緊急事態の発生を知らせて、緊急機の飛行を優先させ、緊急機が着陸するまで在空機を飛行場の周辺空域で待機させます。

背風が5ノット以上あるときは、通常、飛行場管制官は滑走路の使用方向（アクティブ・ランウェイ）を変更しますが、緊急機の着陸に支障がないと判断したときは、7～10ノット（約13～18.5km/h）の背風であっても、できるだけ短時間で着陸させるため、そのまま直線進入を認めます。

戦闘機の航空管制で日ごろから訓練しておかなければならないのが、**有事における緊急機の支援**です。被弾機の帰投や、滑走路周辺の海上、進入表面上の空域内などでのベイルアウトなどです。また、滑走路が被弾して一時的に着陸できない状態になれば、ほかの飛行場へのダイバートも発生します。これらは事態を想定して綿密な手順書をつくり、普段から訓練しておかなければなりません。

7-4 とくに危険な緊急事態

　緊急事態のなかで最も危険なのが、**パイロットの身体的理由やエンジン停止、気象急変によって起こる事態**です。

●「空間識失調」の発生

　戦闘機のパイロットは、急旋回を繰り返したり背面飛行のまま上昇したり降下したりするので、「地面が上なのか、下なのか」「機体が上昇しているのか、下降しているのか」がわからなくなり、**空間識失調に陥りやすい**といわれています。空間識失調とは**パイロットが平衡感覚を喪失した状態**をいい、**健康体であるかどうかにかかわりなく発生**します。原因としては、

①加速度のGと重力の混同
②視覚と体感覚力の違いによる方向感覚の混乱

などが挙げられています。また、外部がよく見えない雲中飛行や夜間飛行など、水平線が見えない状態で、上下や傾きがわからないときに起きやすいといわれます。パイロットは日ごろから、空間識失調に陥った場合は「自身の感覚よりも、航空計器の表示を信じて操縦しろ」と教育されています。

　また、初心者のパイロットは、空間識失調にまで至らなくても不安を感じることがあるので、そのようなときに航空管制が指示するレーダー識別位置、滑走路への誘導方向、高度の指示などが的確であればあるほど、パイロットに安心感を与えます。

　なお、米国の戦闘機、英国、ドイツ、イタリア、スペインが共

同開発した戦闘機ユーロファイター タイフーン、日本の戦闘機F-2などは、パイロットが空間識失調に陥ったとき、エンゲージ(パニックボタンを押す)すれば、**どのような姿勢からでも自動的に水平よりやや上昇姿勢に戻る回復モード**が用意されています。

2014年に発生したF-16ファイティング・ファルコンのパイロットの事例は有名な回復例です。訓練中の新人パイロットが、アフターバーナーを作動させたまま急旋回を行ったところ、強いGに耐えきれず意識を失ってしまいました。その後、機体が地面に近づくと、搭載されていた**自動地面衝突回避システム**が異常を察知して機体の制御を乗っ取り、機体を水平に戻しました。この模様はビデオに撮影されており、映像が公開されました。

これはパイロットが意識を失った特異な例ですが、帰投中の戦闘機を、パイロットの「Request radar pickup」の要求などによって、管制官がその場からレーダーでダイバース誘導できる方法を準備しておくことは、戦闘機の管制において欠かせません。

●ベイルアウトと捜索救難

エンジントラブルなどで飛行不能に陥った戦闘機から脱出することを、**ベイルアウト(Bailout)** といいます。

パイロットはロケットモーターによって座席ごとキャノピーを突き破って機外へと射出され、座席と離れたのち、パラシュートで降下します。

射出座席は、非常時に戦闘機から脱出するための装置で、作動させると機外へ射出されますが、現代のものはパイロットに傷害を与えないように進化しており、パイロットは無傷で脱出できます。「高度ゼロ、速度ゼロ」、つまり地面での停止状態からでも射出可能です。

しかし、パイロットには15～20Gの重力がかかるため、適切な姿勢をとっていないと、脊柱を痛める可能性があります。米軍では、射出座席の訓練と落下傘で降下するためのパラシュート操作の訓練を修了して、「戦闘機搭乗者」の資格を取得できます。

　通常、脱出は人のいない水上などが選ばれますが、水上に着水した場合でも、落下傘のハーネスに内蔵されたライフジャケットで最低限の浮力は得られます。また、GPS信号を発信して、落下位置を自動的に知らせてくれます。着水時に意識を失っているような場合でも、確実にパラシュートが外れるよう、ハーネスに**自動切り離し装置**が内蔵されています。

　射出から地上への帰還過程で、パイロットや救助員は4つのことに注意する必要があります。

①高速で脱出すると、風圧が強くて手足などを骨折する可能性がある。
②脱出高度が高いと、低温による凍傷や低酸素状態になる。
③着地の衝撃が強いと骨折することがある。
④冷たい海水中で長時間耐えるのは難しく、気を失っていればそのまま溺死してしまう。

　米国の『Handbook of Biological Data』によれば、生存率は、水温の層が－1.1～＋7.8℃で、1.2～3時間経過すると、「ごくわずかしか助からない」とされ、水温の層が＋1.7～＋7.1℃の場合は、0.5～2.3時間以内に救助すれば「50％の人が助かる」といわれています。**水温が－1.1℃と＋1.7℃では、生存率に如実に差があることを示しています。**「－1.1～＋7.8℃」の表現は、水温は一様ではないからです。たとえ表面が＋7.8℃あるところでも、

第7章 緊急機の管制

米空軍のパイロットが、着水の訓練をしている。サバイバルスクールでは、極限状態でのさまざまな生き残りの技術を教えている　写真：米海軍

腰から下が−1.1℃であれば、生存率はぐっと下がるといわれています。また、水温の層が＋10〜＋21.1℃であれば、0.7〜2.0時間以内に救助すれば「100％助かる」といわれています。時間に幅があるのは個人の体力差によるものです。

　一刻も早くパイロットを救出するために、飛行指揮所の指揮のもとで落下地点を特定し、管制塔やラプコンは警戒部隊と連携して、捜索救難機や救難ヘリのパイロットの落下地点への誘導に万全を尽くします。

● 「フォース・ランディング」とは？

　緊急事態のなかでも最も危険なのが、エンジンの**フレームアウト**です。戦闘機はシングルエンジンが多く、予備をもたないので、エンジンが何らかの原因で止まったら、滑空して滑走路にたどり着くしかありません。

　2009年、ニューヨークのラガーデア国際空港で起きた低高度でのハドソン川への着陸は、フラップ全開時の翼面積が大きいジェット旅客機だからできることで、大きい速度で小さい翼に必要な揚力を発生させているジェット戦闘機では、十分な高度がなければ着陸できません。

　この決め手となる数値が**滑空比**です。滑空比は揚抗比（飛行機の揚力と抗力の比）と同じで、「どれぐらい降下する間にどれだけの距離を飛べるか」ということです。グライダーは40〜60、ジェット旅客機は6〜10、ジェット戦闘機は5以下といわれています。F-16ファイティング・ファルコン戦闘機は比較的、滑空比が良いといわれていますが、それでも滑空比は5です。これは「高度1,000mを失う間に、5,000mしか進めない」ことになります。

　直線距離で50km離れた位置から滑走路にたどり着くには、

少なくとも「高度32,800フィート（約10,000m）以上ないと、たどり着けない」ということです。

ジェット戦闘機の技術書には、戦闘機固有の滑空比に関する実験データが説明されており、パイロットは十分承知しています。

一般に、推力を発生するエンジンが停止すると、操舵に必要な油圧、操舵信号を送るための電力が得られなくなり、電力は補助動力装置を使って得ます。これも不可能な場合は、胴体に格納してある風車を機外に展開して、風の力で油圧や電力を得ます。

ジェット戦闘機の着離方法には、**沈下率**の大きい性能を考慮して、**フォース・ランディング（FO：Forced landing）**と呼ばれる独特の方式があります。それが図7-3-1に示した着陸方式です。

ジェット戦闘機は沈下率が大きいので、滑走路めがけて直線的

図7-3-1　エンジン停止時の着陸方式

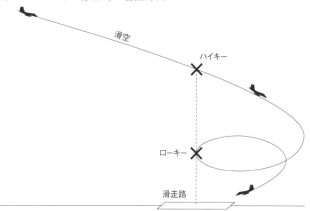

エンジンアウト（エンジン停止）のジェット戦闘機は、滑走路の上空に達した後、らせん状に旋回しながら降下して、着陸します

に降下してタッチダウンすると、滑走路の手前で接地したり、滑走路をオーバーして接地したりして失敗する可能性が大きすぎます。

そこで、一定の高度を残して滑走路の直上(High Key:ハイキー)まで滑空降下してきて、そこから滑走路を視認しながら、滑走路を取り囲むように旋回してローキー(Row Key)を経由し、最後に滑走路に正対して着陸します。

しかし、この着陸方式もかなり危険が残るので、脱出装置の工夫によってベイルアウトの安全度が増してきた第4世代以降の戦闘機では、少しずつ見直されつつあります。

なお、フォース・ランディングの訓練をするときは、エンジンを完全に止めると危険をともなうので、ジェットエンジンの推力を絞って行います。これはSFO(Simulated Force landing)といい、管制塔の管制官は交通状況を見て、SFOで着陸することを許可します。

●強い横風の急な発生

気象の急変に安全・迅速に対処することは、多様な作戦機を管制する管制官にとって欠かせない資質であり、完璧に習得すべき技術目標でもあります。

VFRからIFR、IFRからランディングミニマ(**5-5**参照)を切る気象状態への対応については、随所で説明しているので、ここでは戦闘機にとって最も危険な状態の一つである、**強い横風の発生への対処**を取り上げます。

旅客機に比べて小型の戦闘機が弱いのは、強い横風を受けながら着陸することです。戦闘機の技術指令書やパイロットの手順書には、必ず**横風制限**がくわしく記されています。それだけ、風の横風成分の大きさに対する配慮が必要なことを示しています。

第7章 緊急機の管制

　強い横風が吹いている場合、方向舵を操作して風上方向に機首を向けるだけでは、戦闘機は滑走路のセンターラインに着陸するのは困難です。

　そこで、**ウイングローアプローチ**という方式で着陸します。ウイングローアプローチ方式は、右から横風が吹いている場合、横風に流されないようにするため、機体の翼軸方向を右に回転（ローリング）させ、右の方向に機首を向けてセンターライン上を飛行します。そして、接地寸前に機体を滑走路面と平行に戻し、方向舵を右に向けて、センターラインと平行に滑走できるよう操作します。ローリングする前に機首を下げるか上げるかは、戦闘機の機種によって異なります。

　滑走路の幅は、通常、センターラインから左右それぞれ25mの50mほどしかないので、ちょっと油断したら風に流されて滑走路からはみ出してしまいます。

　また、戦闘機の横風着離で注意を要するのが、F-4ファントムⅡやF-2のように**ドラッグシュート**を使用して着陸する場合です。

　たとえばF-2は、機体が接地すると同時に、自動的に脚のステアリングを作動状態にしてドラッグシュートを開くので、右からの横風が強いときはシュートが左に流されるため、油断していると機首の方向を保持するのが困難です。

　一般に、戦闘機の横風制限は「横風成分が20ノットを超えたら危険」といわれています。ちなみに、第2世代の戦闘機F-104スターファイターの横風制限の最大値は18ノットでした。

　横風が強いとき、管制官は管制塔の管制席に置いてある**風向風速計**に注意して、横風制限の最大値を超える場合は、ちゅうちょなく風向風速値を読み上げ、**着陸のやり直しを助言**しなければなりません。

ドラッグシュートで減速しているコロンビア空軍のクフィル。横風が強いときは慎重な着陸が求められます。なお、ドラッグシュートはパイロットと地上クルーが連携し、投棄後は安全に回収されます

第7章 緊急機の管制

こぼれ話 7

日本に似ているドイツ、フランスの航空管制

　1974（昭和49）年4月、当時3等空佐の私は、1等空佐を長とする3名の調査団の一員として英国、ドイツ、フランス、イタリアの4カ国の航空管制の実情調査に参加しました。

　英国は、わが国の環境に最も近いのですが、航空管制は軍が実施していて、連合王国の島の周辺に、航空路と一部重なる訓練空域をもっていました。

　イタリアも日本の環境に似ていますが、民軍統合機関が航空管制を実施していて、わが国とは体制が異なりました。

　わが国と国家体制が似ているのはフランスとドイツでした。フランスはどちらかというと「民軍が共同で空を有効に使う」という理念が強く、日本のように民間の航空局が一元的に航空管制を行っているのはドイツでした。

　しかし、ドイツは冷戦の真っただ中で、有事の際の「相打ち作戦」が軍事ドクトリンの根幹を占めていました。つまり、500フィート（約152m）以下の超低高度飛行の爆撃訓練に重点が置かれていて、実際に爆弾を搭載した戦闘爆撃機がドイツ領土を周回して、毎日交替で任務についていました。

　英国、フランス、イタリアの各国では、日本の駐在武官の働きで、軍の礼式にしたがい、わが調査団を少将が出迎えて、公式の会議や晩さん会が開かれました。いずれの国も、参考となる射爆撃場などが記載された航法地図、AIP（航空路出版物）、計器進入方式図などを、ほとんど希望どおり供与してくれました。

　今日では戦闘機の進歩とともに、ドイツなどの戦法は少しずつ変わり、30,000フィート（9,144m）以下の高度での戦闘機による迎撃訓練が行われるようになっています。民間航空が極度に発展しているヨーロッパでは、**民と軍の航空機の飛行分離という課題が、ますます複雑になっている**ことがわかります。

第8章
各国の戦闘機の運用

　各国の陸海空軍の戦闘機は、その国の軍事戦略によって仕様が異なります。たとえば、米国、ロシア、日本では、それぞれ求められる戦闘機が異なるのです。また、戦闘機が運用される目的によっても性能が異なります。ここでは、それらの違いについて解説しましょう。

　戦闘機の性能を大きく左右するのが**推力重量比**です。推力重量比は、戦闘機の性能の指標ともいわれています。これについても説明します。

8-1 戦闘機の仕様は「軍事戦略」が決める

　戦闘機は、大きく分けて3つの**軍事戦略**に隷属します。

　1つ目は、米国などのように戦略的打撃軍をもつ、**渡洋遠征戦略**に必要とされる戦闘機です。航空母艦に搭載される艦上戦闘機は、短距離離着陸、短時間格納の性能のほかに、制空、地上攻撃など、多目的運用に必要な性能が要求されます。

　2つ目は、ロシアやヨーロッパのように、**大陸内に陸続きで隣接する国々の軍事戦略**です。「侵略を察知したら、相手国よりも早く攻撃する」という戦法を余儀なくされるので、地上攻撃もでき、その護衛もできる戦闘機を必要とします。また、侵攻機を迎え撃つ迎撃戦闘機も必要です。すなわち、**地上攻撃と制空を兼ね備えた、30,000フィート(9,144m)以下という比較的低い運用高度の戦闘機**を必要とします。

　3つ目は、英国やイタリア、日本のように、**海に囲まれた国々**

高い対空・対艦戦闘能力をもつ航空自衛隊のF-2。海に囲まれた日本ならではの性能をもつ　　　　写真：航空自衛隊

の軍事戦略です。このような国々は、海上の制海・制空権を獲得するための制空戦闘機、防衛のため戦爆攻撃部隊を攻略する迎撃戦闘機、艦船防御部隊の護衛戦闘機の運用などが主体になり、高速上昇と機動性に富む戦闘機の性能が要求されます。

　一般に孤島の防衛作戦は、最初に侵攻部隊のミサイル攻撃と戦爆連合部隊に対する対応から始まるので、ミサイル防衛と迎撃戦闘機の成果が、次に続く艦爆連合侵攻部隊を洋上で阻止できるかどうか、の成否を握ります。

　都市や商工業機能が進んだ近代国家が、相手を一歩も国土に踏み入れさせることなく勝利するには、防衛作戦においてミサイル・戦闘機・艦船が緊密に連携して、洋上で総合戦力を発揮できるかにかかっています。

　これらの戦闘機の運用を、さらに**作戦目的に合わせて戦闘機の最大速度、運用高度、飛行距離などを詳細に分析**すると、要求され、生産される戦闘機の仕様が明らかになってきます。

8-2 戦闘機の目的別種類

　戦闘機は作戦目的に応じてつくられた仕様によって、制空戦闘機、地上攻撃戦闘機、艦上戦闘機などに区分されます。

　制空とは、**作戦の要となる空域を支配すること**です。これによって航空優勢が獲得され、相手の空からの侵攻を阻止することができます。この目的に合うようにつくられたのが制空戦闘機です。制空戦闘機は、ときには爆撃機の護衛の任務にもつきます。

　これらの任務につく最新の戦闘機を挙げてみると、

> F-15E ストライク・イーグル（米空軍）
> F-16E/F ファイティング・ファルコン（米空軍）
> F/A-18E/F スーパー・ホーネット（米海軍）
> F-35A ライトニングⅡ（米空軍）
> F-22 ラプター（米空軍）
> ユーロファイター タイフーン（英国、ドイツ、イタリア、スペイン共同）
> ダッソー・ラファール（フランス海軍、空軍）
> Su-27 フランカー（ロシア空軍）
> Su-57 パクファ（PAK FA）（ロシア海軍）
> MiG-29 ファルクラム（ロシア空軍）
> MiG-35 ファルクラムF（ロシア空軍）

など、第5世代の戦闘機が代表機です。

　これに対して、対地攻撃や対艦攻撃を主任務とするのが**地上攻撃戦闘機**です。大型の地上攻撃戦闘機の中には、爆撃機の性能

第8章 各国の戦闘機の運用

も兼ね備えた地上爆撃戦闘機もあります。

三菱F-2（航空自衛隊）
ダッソーミラージュ2000（フランス空軍）
F-15Eストライク・イーグル（米空軍）
F-16E/Fファイティング・ファルコン（米空軍）
F/A-18E/Fスーパー・ホーネット（米海軍）
F-22ラプター（米空軍）
F-35CライトニングⅡ（米海軍）
Su-57パクファ（PAK FA）（ロシア海軍）
MiG-35ファルクラムF（ロシア空軍）

などが、現在運用されている代表機です。

ニミッツ級航空母艦「カール・ビンソン」に着艦する第5世代戦闘機F-35CライトニングⅡ
写真：米海軍

8-3 戦闘機の性能を左右する「推力重量比」

　個別の戦闘機を見る前に、どれだけの力で、戦闘機の全機体の重量をもち上げているかに着目してみましょう。

　戦闘機の性能の指標といわれているのが**推力重量比**です。これは、「搭載しているエンジンの推力が、機体の全重量の何倍か」ということです。いいかえれば、エンジンの能力ともいえる戦闘機のエンジン推力が、「どれくらい機体の重量より大きいか」が、戦闘機の性能を左右します。戦闘機の運動性や機動性は、このエンジンの能力と機体の設計に支配されます。

　戦闘機の推力には、**ミリタリー推力（戦闘時推力）**と、**バスター推力**があります。バスター推力は、アフターバーナー（推力増強装置）を全開にして飛行する推力です。たとえばF-22ラプターは、ミリタリー推力で音速巡航（スーパークルーズ）を維持できることが特徴です。また、F-15はミリタリー推力（推力重量比1.04）で音速を超える速度での飛行が可能です。戦闘が終わって帰還する戦闘機は、ぐっと減速して、ノットで規制される対気速度に戻ります。

　参考までに各機種の推力重量比を見ると、次のようになります。F-15の推力が、飛び抜けて大きいことがわかります。

F-16 ファイティング・ファルコン	1.096
MiG-29 ファルクラム	1.13
ユーロファイター タイフーン	1.18
ダッソー・ラファール	1.13
F-15	1.04（通常）、1.6（最大）

※ここに挙げた5機種の推力重量比はCFRP（炭素繊維強化プラスチック）などの軽量材を導入する前の値。

第8章　各国の戦闘機の運用

北極圏を飛行するF-15C。1980年代に登場した戦闘機だが、1.6という、ずば抜けた推力重量比を誇り、現在でも一線級の戦闘力を誇る

写真：米海軍

こぼれ話 8

逆境の中で使命を果たす

　1980（昭和55）年8月、航空自衛隊幹部高級課程を卒業した私は、宮城県にある地方連絡部の募集課長を命ぜられて着任しました。当時、日本の経済は未曽有の発展を遂げ、自衛隊を希望する若者は極端に少なく、組織を維持するのが危機的な状況でした。毎月26名の入隊者を確保するため、募集広報官と一体となって活動し、12カ月間、1名の不足もなくノルマを達成していました。

　ところがある日、宮城県高等学校教職員組合の代表の先生方が、急きょ地方連絡部の本部を訪れ、「高校2年生の生徒を学業途中で自衛隊に勧誘するとは、生徒の将来の自主的選択を阻むものであり、言語道断だ」といって取り消しを求め、抗議してきました。よく調べてみると、その高校生は次男で、中学時代は不登校の中学生浪人であり、高校に入ってからも学校を休むことが多く、18歳になっているので、両親も本人も自衛官になることを望んでいることがわかりました。私はこのとき、募集活動をしている広報官を責めることは絶対にあってはならないと、心に決めていました。

　この事案は、とうとう中央でも取り上げられ、「いかなる理由があれ、公人が学業を阻んではいけない」という政府見解に達し、直接の募集の責任者である私が責を負うことになりました。公的叱責を受け、航空自衛隊での私の夢は終わりました。

　6世紀半ば、福井県の国司の任を終えた大伴家持（少納言）は、奈良の中央省庁の募集課長として、東国（現在の茨城県、栃木県など）から防人要員を1,000人単位で集め、大宰府へ送る役目を命ぜられました。当時、日本は朝鮮半島で白村江の戦いに敗れ、大宰府を中心に九州の北辺防備に力を注ぐ必要がありました。中央政府で権勢を誇る藤原氏は、彼の功績を認めませんでした。しかし、家持は「うらうらに、照れる春日に雲雀上がり、心悲しも一人し思えば」と、じっと自分の心に止めていました。

　巡り巡って、この時代が再びやってきたと思えば、私は歴史の1ページに淡々と使命を果たすだけで、心は安らかでした。

第9章
最新の戦闘機

　最後に、残存性に貢献する航空管制の支援の対象となる戦闘機の最新の動向を見ておきましょう。第二次世界大戦以降、近現代戦が**航空優勢の下で行われることは軍事戦略の基本**です。このための航空の支配権を獲得する主役が戦闘機です。

　戦闘機には大別して、戦闘機との戦いに優れている制空戦闘機と、地上攻撃に優れている地上攻撃戦闘機があります。航空母艦（空母）に搭載されている艦上戦闘機は、状況に応じてこの両方の任務を行えるように備えられています。

　本章では、第1世代から第5世代までの戦闘機と過去の歴史に残る戦闘例などを交えながら、現在の戦闘機に至った簡単な経緯も説明しています。2018年現在、世界で活躍している戦闘機は、2000年代に運用を始めた第5世代と、1980年代に運用を始めた第4世代です。各国が保有している戦闘機はこのいずれかで、米国、ロシア、ヨーロッパの開発国は、両者の混合状態で運用しています。近代戦闘機の戦力を左右するのは、残存性と再戦力化です。このためにステルス性、航法を含めた機動力と兵装の差別化を重視しています。それではこれに着目して、現在活躍している主な戦闘機を見ていきましょう。

9-1 第5世代の戦闘機

● F-35ライトニングⅡ

F-35ライトニングⅡは、「敵よりも先に発見し、敵よりも先に撃墜する」という空軍の要求のもとに米国が開発した、多任務に対応できる**ステルス戦闘機**です。米空軍の**F-35A**、米海兵隊の短距離離陸・垂直着陸型である**F-35B**、空母艦載機型の**F-35C**があります。ステルス性を維持するため、カーボン複合材とレーダー波吸収材が用いられ、機体形状と翼の角度は統一されています。コンピューターが情報を統合する、高度な火器管制装置なども装備しています。

F-22ラプターの派生型である強力なエンジンを搭載し、最大速度はマッハ1.6です。戦闘機には、長時間安定した飛行を維持できる超音速巡航(スーパークルーズ)が重要です。F-35は通常のミリタリー推力でマッハ1.2を維持できます。ちなみに、F-16ファイティング・ファルコンはアフターバーナーを使わないと追いつけません。

低高度での安定飛行に影響する**AOA**(Angle Of Attack:迎え角)は110°とずば抜けています。ちなみに、AOAはF-15イーグルが40°、F-16が25°、F/A-18が54°です。AOAは「失速のしにくさ」を表すもので、飛行中に機種を上下させる際、どれくらいの角度まで行き来できるかを示します。AOAの限界値を超えると失速します。戦闘における F-35の機動性の高さと、低速時の性能の良さがわかります。F-35は、ミサイル満載で9G旋回ができる運動性能ももっています。

アビオニクス(各種電子機器)には、高度なアクティブ・フェー

ズドアレイ・レーダー、赤外線とレーザーを使用した目標捕捉／照準装置などの統合目標指示センサー、レーダー／赤外線／レーザー統合型電子戦防御装置、電子戦ジャミング(妨害)ポッドの内装、最新の航法用リングレーザージャイロ(慣性航法システム)、改良されたGPS航法装置などをもっています。

F-35は、空対空／空対地／空対艦ミサイル、小直径誘導爆弾を搭載可能です。小直径誘導爆弾は、空戦能力と高いステルス性を維持したまま爆撃任務に対応するため、第5世代のウエポンベイ(翼下の武装収納庫)に合わせて開発されたものです。固有武装は、F-35Aのみが25mm機関砲を機内に装備しています。

米空軍のF-35AライトニングⅡ。写真はブルガリアへの飛行中で、空中給油機KC-135ストラトタンカーから燃料を補給する準備をしています 写真：米空軍

● フェーズドアレイ・レーダーとステルス機の発見距離

　戦闘機が搭載するレーダーには、パッシブ・フェーズドアレイ・レーダーとアクティブ・フェーズドアレイ・レーダーがあります。

　パッシブ・フェーズドアレイ・レーダーは、ドップラー原理を応用して、目標機から放射されるレーダー電波から目標機までの方向と距離を測るレーダー装置です。アクティブ・フェーズドアレイ・レーダーは、フェーズドアレイ・アンテナからレーダー電波を出し、目標機に当たって反射してきた電波から、目標機までの方向と距離を測るレーダー装置です。

　戦闘機のほとんどはアクティブ・フェーズドアレイ方式で、MiG-31とSu-35だけは、相手機の発見にパッシブ・フェーズドアレイ方式を採用しています（追尾はアクティブ・フェーズドアレイ方式）。

　フェーズドアレイ・アンテナは、レーダー面にいくつものアンテナ（アンテナ素子と呼んでいます）を並べて細いビーム状の電波を回転させ、走査して、発信または受信する方式です。

　それぞれのアンテナ素子には移相器を接続し、位相変換素子で位相量を制御することによって、ビーム状の電波の強さや方向を変えています。

　アクティブ・フェーズドアレイ方式は、移相器に位相量を任意に設定できるので、ビーム電波の方向と強さを変えられる利点があります。

　パッシブ・フェーズドアレイ方式は、別の場所に受信機をもち、導波管を介してアンテナ位相変換素子で電波を受信し、探知したら送信して追尾するので、**アクティブ・フェーズドアレイ方式に比べてやや大型**になります。このため、パトリオットやイージス艦のように地上施設や艦船で用いられます。

図9-1-1は位相の説明図です。今、中心の周りを半径Aの円を描きながら、小球が速度vで回っているとします。小球が円周上を動くことによって、半径Aが中心の周りを回る角度が変化します。この角度が変化する速度を**角速度**ωと名付けると、小球が方位0°からスタートした場合、t秒後にはωtの角度だけ進みます。この角度を**位相**といいます。

今、中心を任意の速度で、図のようにO点からスタートしてX軸の方向に進ませると、小球が描く軌道は、図のように**正弦波**になります（$x = A\sin\omega t$で表されます）。

位相の差を**位相差**といい、図で「B点」と「B'点」のように変位と速度が等しい点は位相差が「0」なので**同位相**、「B点」と「C点」のように変位と速度の符号が逆になっている点は位相差が「πラジアン（180°）」なので**逆位相**であるといいます。

この正弦波は、アンテナ素子から発信される電波と同じ状態を表します。移相器で変換されたレーダー波を重ね合わせると、任意の方向のみの同位相のレーダー波が強調され、ほかの方向の逆位相のレーダー波は打ち消されます。

図9-1-1 位相とは

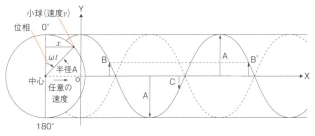

この図は、位相（角度）を、レーダーの電磁波（実際はパルス変調）のように、波形に展開して説明したものです

位相変換素子の位相量を個別に変えていくことにより、レーダー波の送受信方向と強さを制御することができます。
　さて、いよいよ本題に入ります。
　Su-35のパッシブ・フェーズドアレイ・レーダーが、有効反射面積0.01m^{2}であるステルス戦闘機F-35を探知・追尾できる距離は90km（最大探知距離は400km）といわれていますが、F-35のアクティブ・フェーズドアレイ・レーダーは、Su-35を120km以上の距離（最大探知距離は166.7km）で捉えることができます。世界の軍事専門家は、この差に着目しています。

パッシブ・フェーズドアレイのイージス・システムを搭載した米海軍のアーレイ・バーク級ミサイル駆逐艦「ラファエル・ペラルタ」（DDG-115）。2017年7月に就役しました　　写真：米海軍

●ユーロファイター タイフーン

ユーロファイター タイフーンは、英国、ドイツ、イタリア、スペインが共同開発した戦闘機です。

三角形のデルタ翼と機首のカナード翼の組み合わせによって、小型ながら大きな武器を搭載できます。カナード翼からの過流は、主翼上面を通り抜けて大きな揚力を発生させるので、低速時や大きい迎え角時に失速を遅らせ、従来の翼面型に比べて**STOL (Short Take Off and Landing)** 性能や**機動性**に優れています。

これらは、CFRP (炭素繊維強化プラスチック) 70%、GFRP (ガラス繊維強化プラスチック)、アルミニウム、チタンなどから構成された機体の軽量化によるところが大きいといえます。

この優れたSTOL性能により、離陸に必要な距離は300m、着陸に必要な距離は600mです。「700mの滑走路があれば運用できる」といわれています。ちなみに、F-15は1,500mの滑走路を必要とします。日本が開発したF-2も、F-16をベースとする前は、この形態となる予定でした。

最高速度は実用限界に近い高高度でマッハ2.35、海面高度でマッハ1.2、上昇率は315m/秒 (1,034フィート/秒) です。エンジンの性能を表す推力重量比は、軽量化によって9.2を達成していて、CFRPなどの軽量材を導入したF-15の7.8、F-22の9.0よりも優れています。

最近の戦闘機は運動性能を高めるため、空力学的に不安定となる状態を抑制する工夫がなされています。ユーロファイターはコンピューター制御による**デジタル・フライ・バイ・ワイヤー**で安定飛行させることで、高い運動性能を得ています。

旋回率 (1秒あたりの旋回角度) は、コンピューター制御により、超音速と亜音速の領域でF-15C、F-18C、ダッソー・ラファール、

MiG-29のどれよりも良いといわれています。

自動低速回復システム(ALFS) を搭載していて、速度が危険レベルに低下しそうになると、自動的に加速します。

新開発されたGスーツと加圧呼吸装置により、実用上昇限度は18,300m(60,039フィート)、長時間の9G機動を達成しています。

航法システムにはリングレーザージャイロ、GPS受信機、**航法用地形照合システム(TERPROM)** を搭載しています。TERPROMは、マイクロ波を利用した電波高度計から地形情報を読み取り、あらかじめコンピューターにセットしてある地形情報と照合することで、設定された経路に沿って飛行できるシステムです。

操縦座席はF-35と同じで、高度ゼロ、速度ゼロでも脱出できます。固定武装として27mm機関砲を備えており、空対空/空対地/空対艦ミサイル、対レーダーミサイル、巡航ミサイル、誘導爆弾が搭載可能です。

空中給油機KC-10エクステンダーから燃料を補給している英空軍のユーロファイター タイフーン
写真：米空軍

第9章 最新の戦闘機

● F-22ラプター

　F-22ラプターは、米空軍が使用しているF-15の後継機となる制空戦闘機です。高いステルス性と強力なレーダー、推力偏向ノズル、アフターバーナーを使わないでマッハ1.58で巡航できるスーパークルーズ能力などを備え、高い格闘戦能力を誇ります。アビオニクスや武装はF-35と同程度です。

　しかし、ステルス性を重視し、ミサイルを内装方式にして制空性能を高めたため、対地攻撃に使いづらく、そのうえ、1機1億5千万ドル（約164億円）とコストが高いため、179機で生産打ち止めとなっています。

米空軍のF-22A。空中給油機KC-135ストラトタンカーから給油を受け、ISを掃討する「生来の決意作戦」に向かいます
写真：米空軍

● Su-35

 Su-35は、ロシア空軍が使用している**大型の制空・対地・対艦の双発戦闘機**です。Su-27、Su-30のグレードアップを図ったもので、機体には電磁波吸収素材を採用し、カナード翼の撤去によってステルス性が向上しています。

 高推力な推力偏向ノズル式の新型エンジン2発を搭載し、先進情報管理システムとイルビス（IRBIS）レーダーを装備して、**超高機動性を実現**しています。高度15,000m以上でマッハ1.5を維持して任務可能な性能をもちます。

 航続距離は3,550kmと長大で、空中給油装置やロシアの最新航法装置を備えています。

 アビオニクスには、パッシブ・フェーズドアレイ・レーダー、赤外線捜索追尾装置、レーザー測距装置、光学TV（テレビ）などを統合した装置、自己防御装置には紫外線方式のミサイル警報装置、レーザー警報受信機、レーダー警報受信機を装備するほか、ジャミングポッドを搭載できます。

 固定武装は、30mm機関砲、空対空/空対地/空対艦ミサイル、ロケット弾、誘導爆弾などを装備しています。2016年、売買契約24機のうちの最初の4機が、中国に引き渡されました。

●果てしなく続く戦闘機の性能競争

 「敵よりも先に発見し、敵よりも先に撃墜する」という米海空軍の要求のもとにつくられたのがF-22であり、F-35でした。どちらもステルス戦闘機です。

 ロシア空軍はF-22やF-35の性能を上回る**Su-57**を、**第6世代の戦闘機として要求し、開発**しています。

 F-22の最高速度は1,500マイル/h（約2,400km/h）ですが、Su-57は、

第9章 最新の戦闘機

ウラジオストックのアヤクス湾を訓練飛行する、ロシア空軍のSu-35
写真：SPUTNIK/時事通信フォト

対ドイツ戦勝記念パレードで、モスクワ中心部を飛行するロシアの第5世代ステルス戦闘機Su-57
写真：SPUTNIK/時事通信フォト

これを超える1,616マイル/h(約2,600km/h)、上昇限度はF-22の15,000m(約50,000フィート)に対し、20,000m(約65,000フィート)です。最大離陸重量はF-22の38,000kgに対して、Su-57は32,000kgとほぼ拮抗しています。

離陸距離は、F-22が20mmガトリング砲×1門、スパロー装備で400mを必要とするのに対し、Su-57は2つの大きな弾倉に爆弾・ミサイルを搭載し、30mm機関砲2門を装備して335mとなります。

また、Su-57は電波を遮断する自己防御システムが効かない赤外線ホーミングのミサイルOLS-50を装備しています。

F-22は米空軍などに配備が完了していますが、Su-57は2019年、ロシア空軍に12機が配備される予定です。

軍事評論家の見方では、ステルス能力に疑問があり、レーダーで探知できるとしています。いずれにせよ、戦闘機の性能競争はこれからも続きます。

● ダッソー・ラファール (Dassault Rafale)

ダッソー・ラファールは、デルタ翼とカナード翼を組み合わせた小型軽量の戦闘機です。空軍の制空戦闘機、海軍の作戦機としてフランスが開発しました。

クロース・カップルド・デルタ (close coupled delta) と呼ばれる無尾翼デルタ翼に、カナード翼を組み合わせたマルチロール機として開発されました。

最大マッハ数2.0、最大速度1,147ノット、上昇限度55,000フィート、AOA32°、STOL速度80ノットの性能をもちます。

レーダー反射断面積はユーロファイターに劣りますが、ステルス性を向上させています。

アビオニクスでは、F-22やF-35に匹敵するフェーズドアレイ・

第9章 最新の戦闘機

レーダー、戦術データリンク、赤外線監視装置、センサーフュージョン(センサー情報統合表示システム)、最新航法システムを搭載しています。

　固定武装として30mm機関砲、空対空/空対艦/空対地ミサイル、誘導爆弾を装備しています。

米空軍の空中給油機KC-10エクステンダーから給油を受ける、フランス空軍のダッソー・ラファール
写真：米空軍

9-2 第4世代機のグレードアップ戦闘機(第4.5世代)

　第4世代の戦闘機の中でグレードアップされた戦闘機を**第4.5世代**と呼んでいます。代表的な戦闘機に着目してみましょう。

● F-15E ストライク・イーグル

　F-15E ストライク・イーグルは、米空軍が使用している**全天候のマルチロール制空及び地上攻撃戦闘機**です。F-15の初号機は1985年に420機が生産されました。

　2009年、新装備(APG-70)により、レーダーの性能が向上し、これまでよりも長距離地上攻撃が可能となりました。統合電子戦装置(IEWS)や戦闘用データリンク装置なども装備しています。グレードアップされたF-15Eは、米空軍において2025年まで使用され、第6世代の戦闘機開発の基礎となる予定です。

　最大速度マッハ2.5、戦闘半径1,270km(687マイル)、上昇限度60,000フィート(約18,300m)、上昇率50,000フィート/分(254m/秒)、最大Gは9Gの性能をもっています。

● F-16E/F デザート・ファルコン

　F-16E/F デザート・ファルコンは、当初、「F-16C/D BLOCK6X」と名付けて開発され、従来のF-16の搭載装備品を高性能化し、能力を増強して、2003年に初飛行しました。

　捜索範囲を拡大したレーダー、前方監視赤外線装置と目標指示システム、精密誘導兵器の運用能力の付加などが行われました。また、推力が前型よりも10%ほど強化された大出力型エンジンに換装されました。

第9章 最新の戦闘機

イラクを飛行するF-15Eストライク・イーグル。空対空戦闘も空対地戦闘もできる「一機二役」の全天候型戦闘爆撃機です
写真：米空軍

ネバダ州のネリス空軍基地で演習「レッドフラッグ」に初参加するアラブ首長国連邦のF-16Eデザート・ファルコン
写真：米空軍

この機体は、F-16Aの初期型からも改修可能といわれており、F-22やF-35戦闘機との相互運用性も優れています。

● F/A-18E/Fスーパー・ホーネット

F/A-18E/Fスーパー・ホーネットは、長い間米海軍の主力戦闘機として活躍してきたF/A-18C/Dホーネットをベースに、大幅な能力向上を図った艦上攻撃機です。

F/A-18C/Dは、航続距離不足や兵装などのペイロード不足などが指摘されていましたが、エンジンの20％推力増強、胴体の延長、主翼や水平安定板・方向舵の面積の増大、アクティブ・フェーズドアレイ・レーダー(探知距離は148kmに向上)、赤外線前方監視装置、従来の機関砲/ミサイルに加えてスタンドオフ兵器などの装備により機動性の向上と格闘戦能力のアップを図り、1999年から実戦配備されました。

低速での格闘戦能力はF-14、F-15やF-16を上回るといわれますが、機体の大型化と重量増加で加速性能、上昇性能、最高速度などが下がったことは否めません。

なお、**エンジンの外形を楕円形から平行四辺形に変更し、正面のみからですが、ステルス性が高められました**。空対地攻撃では、ビームによるマッピング能力の向上、地形回避・識別能力の向上などが図られています。

● MiG-31M

MiG-31フォックスハウンドは、もともと高高度・超高速度に特化したMiG-25の大幅な改良型で、低空進入する巡航ミサイルや攻撃機への対応能力をもたせるため、ルックダウンとシュートダウンの能力向上を図った第4世代の戦闘機です。

第9章 最新の戦闘機

米海軍のF/A-18Eスーパー・ホーネット(手前)と米空軍のF-15Dイーグル(奥)。演習「ブラックフラッグ」時のもので、米海軍と米空軍が、共同で空対空戦闘の訓練を行っています
写真：米海軍

MiG-31フォックスハウンド。胴体下部に装備しているのは空中発射型の弾道ミサイル「キンジャール」
写真：SPUTNIK/時事通信フォト

MiG-25の弱点を補う戦闘機として、MiG-29やSu-27の開発が進められましたが、時間がかかるため、MiG-25をベースに改良することになったものです。西側は、「MiG-25はチタン合金でつくられている」と予測していましたが、実際にはチタンやアルミと鋼材のハイブリッドによって超音速時の耐熱限界温度を向上させたものでした。MiG-31はMiG-25のターボジェットエンジンからターボファンエンジンに換装して燃費を良くし、胴体も15％延長して、燃料搭載量が増大しました。

　MiG-31Mは水平安定板や方向舵の面積も増大し、翼面荷重は第4世代のF-14よりも大きく、世界最大の旋回半径をもつ戦闘機ともいわれています。空中給油用のプローブも装備され、長時間にわたる戦闘空中哨戒を可能にしました。

　ルックダウンとシュートダウンの向上には、パッシブ・フェーズドアレイ・レーダーと、これを補完する赤外線捜索追尾装置を搭載しました。固定装備として23mm機関砲をもち、長射程空対空ミサイルを装備しています。

　機動性は良くなりましたが、唯一の欠点は、超音速時の荷重が5Gに制限されていることです。

● Su-27SMSストライク・フランカー

　米国が空中給油技術を完成させたことによって、戦闘機による爆撃機の護衛距離が伸びました。これに対抗するため、空中戦を想定して迎撃戦闘機としてロシアが開発したのがSu-27です。

　ロシア空軍（防空軍）は、従来のMiG-25などがもつ高速性、航続力、長射程ミサイル、多弾搭載に加えて、機動性の向上を要求しました。この要求を満たすために、機動性、空中戦能力を高めたのがSu-27SMSストライク・フランカーです。SMSの末尾

第9章 最新の戦闘機

米空軍の戦略爆撃機B-52Hストラトフォートレス(左下)を、バルト海で迎撃するSu-27(右上)
写真：米空軍

Su-27。コクピット前方にある円柱形のものが、赤外線探知装置とレーザー測距装置
写真：米空軍

の「S」は量産型であることを示したものです。ロシア空軍は2011年2月、最初のSu-27SMSを12機発注し、以後配備機数を増大しています。

アビオニクスは、最大探知距離100km/10目標探知/2目標追尾のドップラーレーダー、50kmの目標探知距離をもつ赤外線探知装置、レーザー測距装置などを装備しています。この赤外線探知装置によって、Su-27SMSから電波が放出されることはないので、一部では「米国のF-22を撃墜できるのではないか」という推論もありましたが、**F-22は赤外線放出の減少が図られているので探知は困難**といわれています。

操縦席前方のヘッド・アップ・ディスプレイ(HUD)には、レーダー/赤外線画像のほかに合成開口レーダー画像も表示されます。ヘルメットには照準用の画面を映し出す仕組みがあり、ヘルメットが動くと、レーザー測距装置がリンクして動くようになっています。

実用上昇限度は19,000m(約62,336フィート)、最大速度はマッハ2.3(アフターバーナー)、航続距離4,000km、上昇率300m/秒(約59,000フィート/分)です。固定武装は30mm機関砲、搭載兵器は空対空/空対艦/空対地ミサイル、ロケット弾、爆弾、対レーダーミサイルです。

なお、中国の戦闘機「殲撃11型(J-11)」は、初期のややグレードダウンしたSu-27がベースになっています。日本にも1990年代にロシアから打診があり、航空自衛隊の**アグレッサー機(仮想目標機)として購入する計画**がありましたが、費用対効果、補給整備上の煩雑、稼動率の維持などを考慮して取りやめになりました。1998(平成10)年10月には、空自のパイロット2名がロシアに派遣され、Su-27の体験搭乗をしています。

9-3 第1〜第5世代戦闘機の概観

ここで第5世代戦闘機の優越性を確認するため、第1世代から第5世代までの戦闘機の特徴を概観しておきましょう。

● **第1世代**

この世代は、第二次世界大戦で活躍した戦闘機を**ジェットエンジン化**した時代です。火器の主力は機関砲です。航法には、方位がわかるNDB (Non Directional Radio Beacon: 無指向性無線標識) を利用しました。この時代の戦闘機は米国のF-84サンダージェット、F-86Fセイバー、ソビエト (当時) のMiG-15ファゴット、YAK-23フローラ、スウェーデンのサーブ21Rなどが代表的なものです。とくに1958年の**台湾海峡-金門砲戦時の空中戦**で活躍したのがF-86です。

朝鮮戦争におけるF-86Fセイバー。写真は1954年、3機のF-86Fを率いる第51戦闘迎撃航空群
写真：米空軍

● **第2世代**

各国はこぞって強力なジェットエンジンの開発に努力し、**超音速飛行に挑戦**しました。**空対空ミサイルが登場**し、航法システムとして、**方位と距離がわかるTACAN**(Tactical Air Navigation System：戦術航法装置)**を利用**しました。

代表的な戦闘機に、米国のF-100スーパーセイバー、F-101ブードゥ、F-102デルタダガー、F-104スターファイター、ソビエトのMiG-19ファーマー、MiG-21フィッシュベッド、フランスのミラージュⅢ、スウェーデンのサーブ35ドラケンがあります。

F-104スターファイターは航空自衛隊にも導入されました。写真は試作1号機のXF-104
写真：米空軍国立博物館

●第3世代

 ミサイルの性能向上が図られた時代で、ミサイルを多く搭載できる戦闘機が開発されました。航法には、TACANのほかに、方位と距離の航跡がわかる**慣性航法装置(Inertia Navigation System)**を利用しました。

 ベトナム戦争では、米空軍のF-100、F-101、F-105、F-106デルタダートなどの戦闘爆撃機や、米海軍と米海兵隊のA-6イントルーダーなどが、ミサイルを搭載して北爆に使用されましたが、MiG-17フレスコ、MiG-19ファーマーの機関砲に撃墜され、空対空のミサイルのほかに機関砲を搭載した米空軍、米海軍、米海兵隊統一の**F-4ファントムⅡの投入によって、なんとか失地を回復**しました。

MiG-17F。ベトナム戦争では米軍機と激しい戦いを繰り広げました　写真:米空軍国立博物館

●第4世代

現代戦でも格闘戦が起こることを経験して、**最高速度よりも機動性が重視**され、エンジン・機体姿勢の電子制御、火器管制レーダー、電子対策などのアビオニクス、機関砲・ミサイル対策のキャノピー形状などが開発されました。

航法システムには、TACANと、より精度が高く自機の航跡がわかる、**レーザーによる慣性基準システム(Inertia Reference System)が利用**されています。

代表的な戦闘機は、米国のF-14トムキャット、F-15イーグル、F-16ファイティング・ファルコン、F/A-18ホーネット、ロシアのMiG-25フォックスバット、Su-27フランカー、MiG-29フルクラムなどがあります。

第5次中東戦争(レバノン内戦)でイスラエル軍とシリア軍が戦った1982年、**ベッカー高原**の上空で、シリア軍のMiG-21、MiG-23とイスラエル軍のF-15、F-16の空中戦がありました。

戦いのあとイスラエル軍が味方の報告を集計したところ、イスラエル軍は1機の損害もなく、シリア軍の29機を撃墜したことがわかりました。

この結果は当時の世界の空軍関係者を驚かせました。

ソビエトはこれを分析して大きな危機感を抱き、その後、コンセプトを大幅に変えたMiG-25、MiG-31の開発へと大きく舵を切りました。

また、1998(平成10)～1999(平成11)年の**コソボ紛争**では、早期警戒管制機(AWACS：Airbone Early Warning And Control System)の戦闘指揮のもとに、F-15、F-117ナイトホークと、MiG-29のレーダーとミサイルによる遠距離間での空中戦が行われ、**AWACSによる指揮が成果**を挙げました。

第9章　最新の戦闘機

ポーランド空軍のMiG-29（手前）。奥を飛行するのはイリノイ空軍州兵の第183戦闘航空団のF-16

写真：米空軍

● 第5世代

　ミサイルを回避できるアフターバーナーを使わない超音速巡航（**スーパークルーズ**）による機動性の向上とともに、ステルス性を確保し、長距離レーダーと高度な火器管制装置（FCS）、命中精度の高いミサイルシステムを搭載します。

　航法システムには、第4世代戦闘機の装備システムのほか、**測位衛星GPSを利用した水平・垂直方向精密進入（LPV：Lateral Precision with Vertical Guidance）**を可能にする受信機を備えています。

　実戦を経験したベテランパイロットが乗ってみたい第4.5～第5世代の戦闘機として、近距離の格闘戦ならF-35またはSu-35、要撃戦ならF-22またはMiG-31Mがよく挙げられています。

●無人戦闘機

無人戦闘機とは、人が搭乗しない戦闘機をいい、**ドローン戦闘機（Drone Fighter）**と呼ばれることもあります。

つい最近まで、「対地攻撃がメインの無人戦闘機はできても、空対空戦闘が行える運動性、機動をもつ制空戦闘機の開発は無理」といわれていました。しかし、AIの技術はここ数年のうちに急速に進歩し、今日では「対戦闘機戦闘なら、今でもコスト次第で無人戦闘機を実用化できる」といわれています。

すでに無人戦闘攻撃機（UCAV：Unmanned Combat Aerial Vehicle）は開発され、実験段階にあります。これは、有人戦闘機からの制御で対地攻撃を行わせることにより、パイロットの役割を分担させ、負担を軽減する**ロボット僚機**として活躍させるものです。

しかし、空対空となると、戦闘機に割り振られる戦術要件が、物性限界を超えるエンジンの運転条件、ステルス性、高度な機体制御・火器管制のソフトウェアと、年々増えているので、ソフト開発が超高価になるといわれています。

有人機でさえも、「30年後の次期戦闘機は米国以外は一国では開発不能」といわれているなか、無人制空戦闘機の開発は、「技術的には可能であっても、開発コストに加えて実用コストの高騰により実現は困難だろう」というのが専門家の見方です。

第9章 最新の戦闘機

遠隔操縦で飛行する無人攻撃機MQ-9リーパー。両翼のハードポイントに対戦車ミサイルやレーザー誘導爆弾、空対空ミサイルを搭載できます
写真：米空軍

MQ-9の原型となったMQ-1プレデター。MQ-9はターボプロップエンジンですが、MQ-1は4気筒のレシプロエンジンです
写真：米空軍

9-4 戦闘機の兵装

戦闘機の戦闘の優劣と再戦力化を左右するものに、**装備する兵器**があります。戦闘機の能力向上とともに進歩したのが兵器です。最新の兵器を概観してみましょう。

●目標による兵器の違い

戦闘機または爆撃機、輸送機などを攻撃することを目的とする空対空の作戦で戦闘機が装備する兵器には、機関砲、空対空ミサイルがあります。

戦闘機または戦闘爆撃機が地上の目標を攻撃する、空対地の作戦の場合は、機関砲、空対地ミサイル、巡航ミサイル、誘導爆弾、爆弾があります。

海上を航行する艦艇を攻撃する場合は、空対艦ミサイル、魚雷、誘導爆弾、爆弾があります。

最新戦闘機では機関砲の性能差はあまりないので、ここでは最新の主力兵器ともいえる**空対空ミサイル**、**空対地ミサイル**、空中発射巡航ミサイルについて見ていくことにしましょう。

●空対空ミサイルの概要

空対空ミサイルは、空中から発射される兵器の発射源を目標として攻撃するためのミサイルです。

第二次世界大戦時から開発が始まり、第2世代戦闘機の兵器として、本格的に使用されるようになりました。

空対空ミサイルは、戦闘機の主翼下や主翼端、胴体下や胴体内部に搭載されますが、地上の発射機や海上艦艇に載せられて、短

第9章 最新の戦闘機

F/A-18Fの翼端に取り付けられたAIM-9Xサイドワインダー空対空ミサイル。先端の「目玉」のように見える部分がシーカーです
写真：米海軍

シーカー

後部から見たAIM-120空対空ミサイル。ミサイルの胴体中央部と後部に姿勢制御翼が取り付けられています
写真：米海軍

距離ミサイルとして使用されているものもあります。

外形は円筒形をした長い本体と、前後中央の2カ所に4枚の安定翼や姿勢制御翼を備えているものが一般的です。

本体は、前からシーカー(目標捕捉装置)を含む誘導部、弾頭部、固体ロケットエンジンなどの推進部で構成されています。

ロケットエンジンの推進部には、短時間で超音速まで加速でき、小型で多数運用時の保守が容易な**固体燃料**が用いられます。最新のものには、射程を延ばすためにロケットエンジンにラムジェットエンジンを加えたものもあります。

姿勢制御は、姿勢制御翼によって飛翔方向を制御するものが一般的ですが、推力偏向方式で姿勢を制御するものもあります。

ミサイルの誘導は、①発射前の目標捕捉、②中間誘導、③終末誘導、の3つの方式で行われます。

①発射前の目標捕捉

複数目標に対して複数ミサイルを放つときに、追尾漏れや重複追尾をしないように工夫されています。最新のミサイルでは、シーカーが目標を捉えないうちに発射して、飛行中に目標を探知して追尾を開始するものがほとんどです。

②中間誘導

シーカーが目標を捉える(ロックオンといいます)までの中間段階の誘導をいいます。これには、あらかじめプログラミングされたミサイル自身のジャイロと加速度計で進む**慣性誘導**と、レーダーで追尾してミサイルに進行方向を与える**指令誘導**とがあります。指令誘導には、地図・地形図が用いられ、目標が発する電波を利用する**パッシブ・レーダー・ホーミング**、自らの電波で目標

図9-4-1 中間誘導及び終末誘導の指令誘導のイメージ

図9-4-2 3種類の誘導

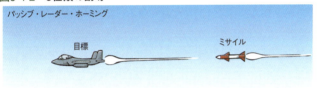

ミサイルは目標が発した電波を感知して進む

ミサイルのレーダーで目標を捕捉して進む

ミサイルは母機のレーダー波をたどりながら進む

を捕捉して進む**アクティブ・レーダー・ホーミング**、母機の指令を受信して目標に向かう**セミアクティブ・レーダー・ホーミング**の3つの方式があります(図9-4-1、図9-4-2参照)。

③終末誘導

シーカーが目標を捕捉後、最終段階の誘導です。前述のパッシブ・レーダー・ホーミング、アクティブ・レーダー・ホーミング、セミアクティブ・レーダー・ホーミングに加え、相手機が発する赤外線を捉えて目標に向かう**赤外線ホーミング**があります。

第2世代以前の赤外線ホーミングは、近・短波長の赤外線しか検知できなかったので、ジェット排気口が直接見える後方からしか捕捉できませんでした。その後、新素材の開発により中・長波赤外線の検知が可能になり、全方位交戦能力をもった赤外線ホーミングのミサイルを運用できるようになりました。

全方位交戦可能な空対空ミサイルの先駆けとなったのが、1978

胴体内の兵器倉を開けてAIM-9サイドワインダー空対空ミサイルを発射するF-22Aラプター
写真:米空軍国立博物館

第9章 最新の戦闘機

年から生産が始まった米国の**AIM-9L**でした。AIM-9Lは、1982(昭和57)年のフォークランド紛争で英海軍の垂直離着陸戦闘機「シーハリアー」に搭載され、命中率86%の実績を上げています。

ソビエトも、1982年から生産を開始した**R-60M**が、全方位交戦能力を獲得しました。

●オフボアサイト射撃能力の獲得

MiG-29やSu-27に搭載された**R-37**は、**オフボアサイト射撃能力**を獲得した空対空ミサイルです。オフボアサイト射撃能力とは、正面から大きく外れた目標に対しても、照準や攻撃を行う能力です。

R-37は、赤外線誘導システムとレーダーによる中間指令誘導を組み合わせ、発射後に目標を捕捉して、ミサイルを敵機に命中

F-35ライトニングⅡのヘルメット。パイロットが任務遂行に必要な情報はこのヘルメットのバイザーに表示されます。そのため、F-35にはHUD(Head Up Display)がありません　　写真:米空軍

させます。

しかし、この方式はアビオニクス全般を変更しないと実現できないので、多くの西側諸国では、赤外線シーカーをジャイロのジンバルに載せて首を振り、発射前にロックオンできる広角の**準オフボアサイト赤外線ミサイル**を開発・装備しました。

● **視程内射程（WVR）ミサイル**

視程内射程ミサイル（WVR：Within Visual Range）は、20マイル（約37km）以内の射程で使用される短距離の空対空ミサイルのことです。

小型・軽量で、運動性や即応性に優れていることから、機関砲とともに格闘戦（ドッグファイト）の武器として多用されています。多くは、中間誘導も終末誘導も不要であり、**比較的簡単な火器管制装置でも運用できる反面、捕捉距離が短いのが難点**です。

以下に、代表的なものを挙げてみましょう。

AIM-9L（米国）
　射程：17.7km　速度：マッハ2.5以上　誘導方式：赤外線
ASRAAM（英国）
　射程：15km　速度：マッハ3以上　誘導方式：赤外線
R.530（フランス）
　射程：18km　速度：マッハ2.7
　誘導方式：セミアクティブ・レーダー（赤外線付き）
PL-11（中国）
　射程：22km　速度：マッハ4以上　誘導方式：セミアクティブ・レーダー

第9章 最新の戦闘機

最新型のサイドワインダーであるAIM-9Xを搭載して試験をするF-35　　　写真：米空軍

ユーロファイター タイフーンに搭載されているASRAAM　　　写真：© G.H. Lee

このほかに、ロシア、日本、イスラエル、台湾、インド、イタリア、スウェーデン、ノルウェー、ギリシャ、ドイツ、カナダなどが独自の視程内射程（WR）の空対地ミサイルを開発しています。

●視程外射程（BVR）ミサイル

視程外射程ミサイル（BVR：Beyond Visual Range）は、パイロットの視覚では捕捉できない20マイル以遠の射程で使用されるもので、中・長距離空対空ミサイルと呼ばれています。

比較的、大重量で、運動性や即応性に難点があり、遠距離のアウトレンジ攻撃や、視程外での要撃戦闘のための武器として運用されます。**中間誘導と終末誘導が必要で、高性能の火器管制装置も必要**となります。

このため、推力や電源に余裕があり、質量ともに豊富な電子機器を装備する大型の戦闘機に限って装備が可能です。

しかし、F-35のような最新の戦闘機では、ミサイルと火器管制装置の小型・軽量化により搭載が可能となり、運用域を拡大しているものがあります。以下に、代表的なものを挙げてみます。

AIM-120（AMRAAM）（米国）
　射程:48km　速度:マッハ4　誘導方式:アクティブ・レーダー（慣性航法付き）

スカイフラッシュ（英国）
　射程:45km　速度:マッハ4　誘導方式:セミアクティブ・レーダー

MICA-EM（フランス）
　射程:60km以上　速度:マッハ4　誘導方式:アクティブ・レーダー（慣性航法付き）

> AAM-5（日本）
> 　射程：35km　速度：マッハ3.0　誘導方式：セミアクティブ・レーダー＋赤外線
> AAM-4（日本）
> 　射程：106km　速度：マッハ4.0　誘導方式：アクティブ・レーダー（慣性航法付き）
> PL-12（中国）
> 　射程：70km　速度：マッハ4以上　誘導方式：アクティブ・レーダー（慣性航法付き）
> R-77（ロシア）
> 　射程：100km　速度：マッハ4.5以上　誘導方式：アクティブ・レーダー
> R-37（ロシア）
> 　射程：300km　速度：マッハ6.0以上　誘導方式：アクティブ・レーダー

このほかに、イスラエル、スウェーデン、インド、ドイツ、カナダなどが、独自の視程外射程（BVR）ミサイルを開発しています。

● F-4ファントムⅡとAIM-7の戦線投入の歴史

ここで、米国の空対空ミサイルAIM-7スパローを装備したF-4ファントムⅡの戦線投入の歴史から、改良に苦心したことを学んでみましょう。

1965年から始まったベトナム戦争に参加したF-4は、8発のミサイルのうち4発がAIM-7でした。AIM-7はレーダー捕捉（中間誘導）段階で視程外から相手を打ち落とすことを可能とした空対空ミサイルでした。しかし、F-4の初の実戦となったベトナム戦争

では、AIM-7の信頼性の低さにより、MiG-17、MiG-19、MiG-21の機関砲で次々と撃墜されました。

米空軍は、1965年4月にF-105の2機がMiG-17に撃墜されたのを皮切りに、燃料漏れ、亀裂、ミサイルの使用制限なども含めて、1965～1966年の1年間で、機関砲を装備していないF-4Cを54機失いました。

当時搭載されていたAIM-7には次の弱点がありました。

①レーダーで敵味方の判別ができないので、同士討ちを避けるため、敵機視認前のAIM-7の発射を禁じた。
②F-4の設計段階では格闘戦を想定しておらず、固定機関砲を装備していなかった。このため格闘戦の訓練が不足していて、F-4の特質を十分生かせなかった。
③初期配備時のAIM-7は性能が不足し、ミサイル装着時の部品の破損も続いた。

その後、急遽、空軍、海軍、海兵隊が、こぞってAIM-7を改良するとともに、機関砲を固定装備として運動性も向上させたF-4E型を就航させ、空戦での撃墜成績はMiGに勝つこととなりました。海軍もF-4Jの改良型とAIM-9サイドワインダーで、北ベトナム軍のMiG戦闘機を36機撃墜しました。

その後、1973年10月の第4次中東戦争では、イスラエル空軍のF-4Eが、スエズ運河上空でエジプトのMiG-21などと格闘戦を行い、エジプト空軍機を16機撃墜し、F-4Eも6機の損害を受けました。

一方、ほぼ同時にシナイ半島南端のオフィラ空軍基地（現在のシャルム・エル・シェイク国際空港）を奇襲したエジプトのMiG-21空軍機27機を、イスラエル空軍の2機のF-4Eが迎撃し、7機

のMiG-21を撃墜しました。以後、F-4とMiGとの戦いの成績は、F-4に有利となり、逆転しました。

1986年、空母「ミッドウェイ」に搭載されていた最後のF-4がF/A-18と交替し、1991年には湾岸戦争で制空任務をF-15に譲り、F-4は米軍から退役しました。

● 空対地ミサイルの概要

空対地ミサイルは、航空機から地上目標を攻撃するミサイルで、空中から地上の目標に発射されます。用途別に、

空対地ミサイル
空中発射巡航ミサイル
空対艦ミサイル
対戦車ミサイル
対レーダーミサイル

AIM-7スパローを発射するF-15イーグル。改良されながら現在でも運用されている　写真：米空軍

があり、射程も数kmのものから、数百kmに及ぶものまであります。戦闘機または戦闘爆撃機から発射され、米国が運用している代表的な空対地ミサイルは以下のとおりです。

AGM-84 SLAM（ハープーンの改造型空対地ミサイル）
AGM-86 ALCM（空中発射巡航ミサイル）
AGM-65 マーベリック（対艦、対戦車など多目的対地ミサイル）
AGM-88E AARGM（対レーダーミサイル）

また、韓国が米国から導入し、運用する空対地巡航ミサイルは以下です。

KEPO-350 タウルス（空中発射空対地巡航ミサイル）

KEPO-350 タウルスは、F-15K 戦闘機から発射され、500km 先の目標を正確に攻撃できます。巡航ミサイルの進路に誤差があると、飛行経路を自動的に修正するからです。韓国空軍はタウルス巡航ミサイルによって、北朝鮮の領空に入らず、北の全域にわたる目標に対して、超精密な運用ができます。

これらのミサイルは、アクティブ・レーダー誘導方式かTV（テレビ）誘導方式が主流です。一般に、GPSの信号を混乱させる妨害電波を避けるには、米国製のGPS受信機を装備しているミサイルが望まれます。戦闘機から発射される空対地ミサイルで、そのほかの国が運用している代表的なものを以下に挙げます。

ASMP 空中発射巡航ミサイル（フランス）

第9章 最新の戦闘機

米海軍の哨戒機P-8Aポセイドンに搭載されるAGM-84Dハープーン空対艦ミサイル　写真：米海軍

F/A-18Fスーパー・ホーネットに搭載されたAGM-88E対レーダーミサイル　写真：米海軍

誘導方式：慣性航法と地形参照（照合）を併用。核弾頭を搭載し、核抑止力の一翼を担う

シースクア空対艦ミサイル（英国）

誘導方式：セミアクティブ・レーダー

ブリムストーン対戦車ミサイル（英国）

誘導方式：ミリ波レーダーによるアクティブ・レーダー

RBS-15F空対艦ミサイル（スウェーデン）

誘導方式：慣性、GPS、アクティブ・レーダー

Kh-25空対艦／空対戦車／空対レーダーミサイル（ロシア）

誘導方式：用途によってパッシブ・レーダー、アクティブ・レーダー、TV（テレビ）、レーザーを使い分ける

Kh-59オーヴォト空対地／空対艦長距離ミサイル（ロシア）

誘導方式：TV（テレビ）

JSM（ノルウェー）

誘導方式：慣性、GPS／地形等高線参照（照合）、赤外線を総合。赤外線による目標捕捉を補完するパッシブ無線周波数シーカーをもつ、F-35向けに開発中の対艦／対地／巡航ミサイル。2025年に完全運用の見込み。日本も離島防衛にこのJSMを候補として挙げ、空中発射巡航ミサイルの導入を検討している

おわりに

　今から45年前、雫石上空の衝突事故（全日空機雫石衝突事故）の対策立案のため、米国の実情調査に参加したときのことです。

　コロラドスプリングス（コロラド州）の防空軍司令部に勤務する空軍少佐の戦闘機パイロットが、「今夜ADFアプローチの練習をするから同乗しないか」と誘われ、快諾して行ったところが、空軍の飛行場ではなく、デンバーの国際空港だったのには驚きました。ADFアプローチというのは、地上にあるNDB（Non-Directional Beacon）からの無指向性電波を、航空機のADF受信機（Auto-Direction Finder）で受信し、電波の方向を検知して進入することです。

　少佐の自家用機の後部座席に乗り、国際空港の端から滑走路に入って管制塔の許可をもらい、ADFの計器進入パターンを何度も繰り返し飛行しながら、計器進入方式特有の操縦要領についてくわしい説明を受け、旅客機の離着陸の合間をぬってタッチアンドゴーを繰り返したことを覚えています。

　このときに少佐が言ったのが「こうやって説明しながら夜間ADFアプローチの練習をすると、雲の中の計器飛行がしっかり身につくんだよ」という言葉でした。

　当時はこのあとすぐ、戦闘機の航法はTACAN、民間機はVORに代わるちょうど過渡期で、少佐は近々、戦闘機パイロットの計器証明を更新しなければならなかったようです。

　しかし、大方の戦闘機パイロットは格闘戦や火器管制の手腕に

関心が集中するなかで、**ADFの計器飛行をおろそかにしないところ**に、米空軍の戦闘機パイロットとしての質の高さを感じました。

　日本を取り巻く防衛環境も厳しくなるなか、戦闘機やパイロットへの関心もさることながら、本書を通して「戦闘機の航空管制」にも、奥の深い分野があることをおわかりいただけたと思います。
　とかく航空機の航空管制は、「機種にかかわらず本質的には同じで、戦闘機の航空管制も有事に実行できればよい」と思われがちですが、平時から戦闘機の最新技術を吸収し、訓練していないと簡単にはできません。日常の航空管制はそのための貴重な訓練の場であり、一分一秒といえどもおろそかにはできません。
　とくに、空を愛する若人たちに、「戦闘機の航空管制は、民間機の航空管制では味わえない機敏さと醍醐味があること」を知ってもらえれば、さらに航空の魅力を感じてもらえるものと思います。また、戦闘機の先端技術は民間機への応用を促進し、国家として航空の発展に欠かせないことです。
　しかし筆者の本当の願いは、人類が人間の英知によって格差、対立、分断、環境破壊、疑心暗鬼の時代に終止符を打ち、戦争のない世界が実現して、戦闘機の科学技術が人類の平和と幸福実現のために使われることです。本書が少しでも読者の航空への興味と関心を増すものとなれば幸いです。

2018年7月　園山耕司

英文略語の意味

AAM：Air to Air Missile→空対空ミサイル
ACC：Area Control Center→管制区管制所（または航空路管制所）
ADIZ：Air Defense Identification Zone→防空識別圏
AGM：Air to Ground Missile→空対地ミサイル
ALCM：Air Launched Cruise Missile→空中発射巡航ミサイル
AOA：Angle Of Attack→迎え角
ARSR：Air Route Surveillance Radar→航空路監視レーダー
ASDE：Airport Surface Detection Equipment→空港（飛行場）面探知レーダー
ASMP：Air-Sol Moyenne Portée→中距離空対地ミサイル
ASR：Airport Surveillance Radar→飛行場（空港）監視レーダー
ATC：Air Traffic Control→航空交通管制
ATIS：Automatic Terminal Information Service→飛行場情報自動放送サービス
ATMC：Air Traffic Management Center→航空交通管理センター
AWACS：Airborne Early Warning And Control System→早期警戒管制機
CATCC：Carrier Air Tactical Control Center→空母航空戦術管制センター
CFRP：Carbon Fiber Reinforced Plastic→炭素繊維強化プラスチック
CPDLC：Controller Pilot Data Link Communication→管制官・パイロット間データリンク通信
DGPS：Differential GPS→デファレンシャルGPS（GPS情報の補正）
DH：Decision Height→決心高度
DME：Distance Measuring Equipment→距離測定装置
EAC：Expected Approach Clearance Time→進入開始許可発出予定時刻
EAT：Expected Approach Time→進入開始予定時刻
ECCM：Electronic Counter Counter Measure→対電子妨害対策
FAA：Federal Aviation Administration→米連邦航空局
FAF：Final Approach Fix→最終進入開始点
FCS：Fire Controlled System→火器管制装置
FIX：→フィックス（地理上の位置）
FL：Flight Level→フライトレベル（平均海面を1気圧に合わせる高度）
FO：Forced Landing→強制着陸
GBAS：Ground-Based Augmentation System→地上型衛星測位補強システム
GCA：Ground Controlled Approach→精測レーダー管制施設
GFRP：Glass Fiber Reinforced Plastic→ガラス繊維強化プラスチック
GLONASS：Global Orbiting Navigation Satellite System→「グローナス」（ロシアの測位衛星システム）
GNSS：Global Navigation Satellite System→全（汎）地球測位衛星システム
GPS：Global Positioning System→全地球測位システム
HUD：Head Up Display→操縦席前方防弾ガラス面表示装置
IAF：Initial Approach Fix→進入開始点
ICAO：International Civil Aviation Organization→国際民間航空機関
IEWS：Integrated Electronic Warfare Suite→統合電子戦装置
IF：Intermediate Fix→中間進入開始点
IFR：Instrument Flight Rules→計器飛行方式
ILS：Instrument Landing System→計器着陸システム
IMC：Instrument Meteorological Condition→計器気象状態
INMARSAT：International Maritime Satellite Organization→インマルサット（国際海事衛

星機構)
INS:Inertia Navigation System→慣性航法システム
IRBIS:イルビス(ロシアで開発された航空機用パッシブ・フェーズドアレイ・レーダー)
IRS:Inertia Reference System→慣性基準システム
JAXA:Japan Aerospace Exploration Agency→宇宙航空研究開発機構
JPALS:Joint Precision Approach Landing System→統合精密進入・着陸システム
LNAV:Lateral Navigation→エルナビ(水平方向の進入システム)
LPV:Lateral Precision with Vertical Guidance→水平・垂直方向精密進入
LSO:Landing Signal Officer→着陸助言幹部(将校)
MAHF:Missed Approach Holding Fix→進入復行待機点
MAPt:Missed Approach Point→進入復行点
MDH(MDA):Minimum Descent Height(Minimum Descent Altitude)→進入限界高度
MSAS:MTSAT Satellite-based Augmentation System→運輸多目的衛星航法補強システム
MTSAT:Multi-functional Transport Satellite→運輸多目的衛星
NAVSTAR:Navigation Satellite Time and Ranging→GPSを構成する測位衛星
NOTAM:Notice To Airmen→ノータム(緊急航空情報)
NSC:National Security Council→国家安全保障会議(日本、米国など)
PAR:Precision Approach Radar→精測進入(精測)レーダー
QZSS:Quasi Zenith Satellite System→準天頂衛星システム
RAPCON:Radar Approach Control→レーダー進入管制所(軍飛行場のターミナルレーダー管制所)
RNAV:Area Navigation→広域航法
RNP:Required Navigation Performance→航法性能要件
RTO:Rejected Take-Off→離陸中止
SFO:Simulated Force Landing→訓練強制着陸
SID:Standard Instrument Departure→標準計器出発経路
SSR:Secondary Surveillance Radar→二次レーダー
STAR:Standard Terminal Arrival Route→標準計器到着経路
SVFR:Special VFR→特別有視界飛行方式(スペシャルVFR)
TACAN:Tactical Air Navigation System→戦術航法装置
TADIL:Tactical Data Information Link→戦術データリンク
TCA:Terminal Control Area→進入管制区
TERPROM:Terrain Profile Matching→航法用地形参照(照合)システム
TO:Technical Order→技術指令書
UCAV:Unmanned Combat Aerial Vehicle→無人攻撃戦闘機
UHF:Ultra High Frequency→極超短波
VFR:Visual Flight Rules→有視界飛行方式
VHF:Very High Frequency→超短波
VMC:Visual Meteorological Condition→有視界気象状態
VNAV:Vertical Navigation→垂直方向進入システム
VOR:VHF Omni-directional Radio Range→超短波全方向式無線標識
VORDME:ボルデメ(VORとDMEを併設した無線標識)
VORTAC:ボルタック(VORとTACANを併設した無線標識)
WAAS:Wide Area Augmentation System→米国の広域衛星航法補強システム
WP(WPT):Waypoint→ウェイポイント(経由点)

索引

数・英

360°オーバーヘッドアプローチ	70、72、74
360°旋回方式	98、99
AOA	146、156
DGPS値	42、44、58
GBAS	116
JPALS	116、117
LSO	115
RNP0.3	84
RNP1	84
SFO	132

あ

アングルド・デッキ	113、114
移動ラプコン	78
インマルサット	42、116

か

滑空比	130、131
慣性基準ユニット	40
管制圏	16、67、82、93
機体係留停止装置	25、68
緊急周波数	100、122
緊急発進	61、63、64
空母航空戦術管制センター	106
広域衛星航法補強システム	42、84
光学着艦システム	113
航空路管制所	16、18
航空路図誌	64

さ

サイレント発進	46、77
射出座席	127、128
スクランブル	63、64
スタンドオフ戦法	26
制動板	68
戦術航法装置	50、166

た

ターン・アラウンドタイム	15、71
ダイバート	94、125
ドラッグシュート	68、119、133、134

な

ナブスター	38、39、44、58
ノータム	18

は

バスター推力	65、142
バリアー	25、68〜70
ピックアップ管制官	107、108、110、111、115
ファイナル管制官	83、86、108、110〜113
フォース・ランディング	130〜132
ブレーキングアクション	23、68、69、71
ベイルアウト	12、125、127、132
防空識別圏	63〜65

ま

ミリタリー推力	12、142、146

や

有視界飛行方式	61、66、70、81、92
横風制限	132、133

ら

レーザーリングジャイロ	40、41

わ

ワイドベース方式	98、99

サイエンス・アイ新書
SIS-414

http://sciencei.sbcr.jp/

戦闘機の航空管制
航空戦術の一環として
兵力の残存と再戦力化に貢献する

2018年8月25日　初版第1刷発行

著　者	園山耕司
発 行 者	小川 淳
発 行 所	SBクリエイティブ株式会社 〒106-0032　東京都港区六本木2-4-5 電話：03-5549-1201(営業部)
装丁・組版	クニメディア株式会社
印刷・製本	株式会社シナノ パブリッシング プレス

乱丁・落丁本が万が一ございましたら、小社営業部まで着払いにてご送付ください。送料小社負担にてお取り替えいたします。本書の内容の一部あるいは全部を無断で複写（コピー）することは、かたくお断りいたします。本書の内容に関するご質問等は、小社科学書籍編集部まで必ず書面にてご連絡いただきますようお願いいたします。

©園山耕司　2018　Printed in Japan　ISBN 978-4-7973-9820-5

SB Creative